展覽空間規劃

商展攤位設計

新形象出版事業有限公司

展覽空間規劃

商展攤位設計

康威·洛伊德·摩根著

專業製圖法

P-R-O
Graphics

展覽空間規劃

定價：650元

出 版 者：新形象出版事業有限公司

負 責 人：陳偉賢

地　　址：台北縣中和市中和路322號8Ｆ之1

門　　市：北星圖書事業股份有限公司

　　　　　永和市中正路498號

電　　話：29229000（代表）　ＦＡＸ：29229041

原　　著：Conway Llowey Morgan（康威‧洛伊德‧摩根）

編 譯 者：新形象出版公司編輯部

發 行 人：顏義勇

總 策 劃：范一豪

文字編輯：賴國平‧陳旭虎

封面編輯：賴國平

總 代 理：北星圖書事業股份有限公司

地　　址：台北縣永和市中正路462號5F

電　　話：29229000（代表）　ＦＡＸ：29229041

郵　　撥：0544500-7北星圖書帳戶

印 刷 所：香港

行政院新聞局出版事業登記證／局版台業字第3928號
經濟部公司執／76建三辛字第21473號

國家圖書館出版品預行編目資料

展覽空間規劃：商展攤位設計／康威‧洛伊德
‧摩根(Conwoy Llowey Morgan)原著；新
形象出版公司編輯部編譯. -- 第一版. --
臺北縣中和市：新形象，1999[民88]
　　面；　　　公分
含索引
譯自：EXPO：trade fair stand design
ISBN 957-9679-48-7(平裝)

1. 商品展示　2. 廣告

497.27　　　　　　　　　　　　87016257

目錄

簡介

傳統市場的攤販
給人一種多樣化及
熱鬧蓬勃的感覺。

試想一下街道上市場的模樣：許多人從一個攤子移動到另一個攤子，其中某些人手中拿著一張醒目的購物清單，或是討價還價到面紅耳赤，而有些人則只是好奇地想去看看新奇且與眾不同的東西。一些小販大聲地叫賣著他們的商品，更有人憑藉推銷員與顧客之間的巧妙問答而作成買賣，要不然就是希望慧眼獨具的消費者能比較一下價錢後再行選擇。在一座市場中購物的樂趣即是有各式各樣的物品出售、欣賞不同的陳列擺設、以及感受所有其他人在此處愉快採購的氣氛。而就許多方面看來，一個商展便好似一座市場一樣。它可能是室內的，位在一家豪華的大旅館或是一處經過特別設計的會議中心，另外，它也可以是對大眾或只對專家學者開放的方式。至於攤位，有簡單或精巧型，有直到最後一分鐘還在利用任何手邊的東西趕造或事先已策畫了數月的狀況。儘管如此，商展中人的感覺仍是和市場雷同，是一項充滿了決心、好奇與抱持明確態度的混合體。

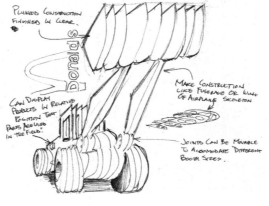

設計的工作可於
任何地方開始進行，
甚至在麥當勞的餐巾上也
能揮灑你的創意。

商展是今日任何公司的市場策略中絕對必要的一部分。它們提供了陳列展示新產品、歡迎並接觸潛在性消費群眾和與已有往來的熟顧客交談的機會。此外，展覽會也是一個能觀摩、了解同業的競爭對手的所作所為及行事方法的大好時機。總合這些理由，無論是為了一般民眾抑或是某個受邀的專業人士，在商展中營造出一個正面的形象，是現今一項作生意不變的關鍵性與必要的方式。

因此，商展正是扮演著介於公司及其市場銷路之間能否取得先機的裁判者角色。
這意味了不管攤位的大小尺寸或是企劃(event)的本質方向爲何，完成後的設計必
須要有立即引起共鳴的特點才行。而當中往往又加諸大量的要求於商展攤位的設
計者的身上—探究這些要求如何獲得滿足實現爲此書的主要目的。不過首先讓我
們來看看以下一些普遍性的原則。

商展設計對客戶來說是代價極高的一件事。將市場商人與業務人員從他們的辦公
桌前移師配置於某個攤位，需花費客戶許多的金錢與時間，甚至比攤位本身的實
際支出還過之而無不及。

商展設計是一件與時間賽跑的工作。一般的情況下，非但只有短促的時間去搭建
攤位，大部分參觀者注意力的集中時段也相當短暫。所以，爲了讓匆匆造好的裝
設物和結構能盡善盡美，並且向參觀者傳達一項迅速清楚、歡迎步上攤位的邀請
之意，設計者需要作好策畫且使整個設計組織化。

商展設計給
予參觀者的印象在
於攤位本身。

商展設計是旣開放又封閉的：在整個展覽會的範圍以內，攤位的外觀必須顯而易見，文宣上能引人注目，因此參觀者一旦走進攤位，離去時必定會難忘此行的清晰體驗。

商展設計兼具暫時與永恆的特性：攤位雖然只有數天的壽命，但是它在顧客的心中所留下的印象卻會維持得久一些。

商展設計是永續連貫，而非單獨唯一的：一個攤位所訴求聲明的事項需要靠客戶公司往後的行為與服務來加強，其它相關的平面推銷策畫和廣告亦復如是。

設計的過程

須歷經具像化的階段，

以找出最理想的適用方案

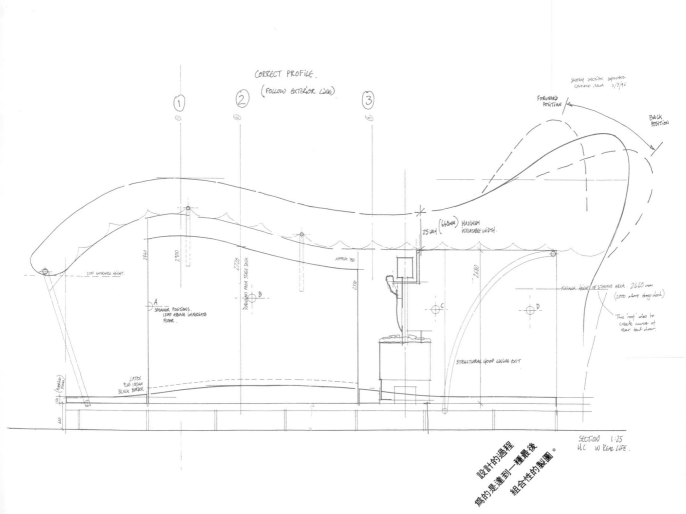

設計的過程

爲的是達到一種最後

組合性的製圖。

以一種嘉年華會的
形式，將商展帶到街道上。

細緻的設計（此處
為位於CeBIT的易利
信攤位）能夠成功地傳達
或毀壞由攤位所創造
出來的形象。

商展設計要求具備組織化的技巧：並非只限於實行在最後以有形具體呈現的攤位設計上，同樣也得應用於輔助的物品，例如透過陳列用的印刷或影帶資源、傳播系統及電腦設備、接待顧客的位置、攤位幕後人員的準備工作、報紙刊物和促銷的展示用文學與禮品。在所有的這些領域中，設計者必須扮演好一個協調組合的角色。

商展設計為市場買賣的一部分：倘若設計者能夠愈了解某公司的市場策略，便愈能將那些需求融入攤位設計之中。一位美國飛行員加克·伊格（首位以超音速飛行的人）的朋友形容這位傳奇性的人物為「唯一我所遇見的真正與一架航空器的內部合為一體的傢伙」。他的意思指的是，伊格與飛機一同遨翔天際時會全然地向它作出回應，就好像是機械的一部分一樣。一位好的設計者也應該與客戶保持相同的合作關係，能夠透過客戶的眼睛看待世界，並且利用本身的專業技巧來詮釋客戶的信念。另一方面，設計者亦身負較大的責任，特別是具備社會意識，而在素材及形式的選擇上抱持著客觀公正的態度更是同等地重要。就商展設計的熱絡和不斷擴展的情況來說，客戶與群眾面對面的地點及善用以上這些原則，將成為一項振奮且吸引人的挑戰。

展覽會設備的策畫

客戶				
客戶				
聯絡人姓名				
展覽會名稱				
展覽會種類	專業	半專業	公開性	出席性
時間	定期	期間	短時間	展覽後保留攤位
技術面				
攤位大小與種類	展示區	會議區	接待區	
現有的材料/攤位				
傢俱/擺設				
技術上的輔助物	影帶	音響設備	電腦	IT links
產品				
展示用產品				
攤位人員				
攤位設備	傳播系統	照明	操縱裝置	儲藏區
	修護與清潔			
企業				
企業標誌				
企業色彩				
市場				
展覽會的銷售管道				
產品的銷售管道				
攤位的主題				
輔助物				
輔助器材	電視	電影	音響設備	印刷品
	報紙刊物			
促銷禮品				
員工制服/徽章				
其它				

以下的核對表說明了在策劃一個商展場合的設計時所應該銘記於心的一些重要的考量因素。在接下來的部分裡，你將會看到設計者如何著手解決此處所提及的問題。這份一覽表指出了那些在與客戶進行簡報會議時必須隱密、嚴防竊聽的主要話題。每一項話題本身都需要再做更進一步的檢閱、製圖、設計與討論。不妨參考它們，以作為計畫的骨架，而非一項完全的解決之道。

客戶

此區提供有關你正在設計的企劃案、工作的時間尺度、參觀者的數量及你需要準備服務的顧客類型的基本資料。

產品

攤位的產品為由客戶所提供的物件或服務，另一方面來說，員工與設備則是支持此展示的必要條件。確保攤位的管理組織和設計者的全力打造好「門面」的整體信念是同樣重要的部分。

技術層面

攤位的大小與種類將有助於你知悉如何安排配置攤位上的不同區域，如用以陳列（展示區）、歡迎及討論（會客區）或招待（接待區）的地方。同時你還必須決定攤位的佈置方式，而不管像是影片放映、聲效的輔助系統或是電腦一參觀者或攤位員工所使用的一也有包括進最後設計中的需要。今日，許多公司甚至運用 IT links 來分配位置。

企業

對設計者而言，留意有關於標誌一無論是企業本身、產品種類或是服務上一的運用和安置處的客戶企業策略、以及是否有需要併入最後設計企劃的聯想性企業色彩是十分重要的。而此層面與攤位的市場資訊則有直接的關聯性。

市場

設計者的責任為，支持並加強那些陳列於攤位上的產品或服務的中心銷售概念，同時以更大的努力將此和客戶的企業市場營運連結在一起。就大多數的情況來看，這些要求對於攤位主題的創造上將會成為一項給予限定的因素，所以假若當設計者想要完全地自由發揮時，最好還是得尊重客戶整體的銷售方法。

輔助物

由於配合某個展覽會企劃的適宜設計概念不應受限於攤位的有形外觀，因此知道客戶可能用得著什麼樣的支援器材總是有備無患——例如一卷介紹新產品的影帶或影片、新製的廣告傳單或目錄和分發給前來參觀的記者的刊物。理想上而言，同一支團隊應該負起對於所有的這些元素的設計責任，好確保他們個別傳遞的訊息與整體能凝聚在一塊。這同樣也適用於促銷的禮物、免費樣品、員工制服與徽章方面。

福特公司

客戶：英國艾塞克斯郡布蘭特伍德的歐洲福特公司

設計者：英國倫敦的想像力(Imagination)公司

產品/服務：汽車

展覽會名稱：歐洲汽車大展(伯明罕、日內瓦、法蘭克福、巴黎)

時間：1996-1997

世界各地主要的國際車展普遍地都被認為是展覽會行事曆上最重要的項目，這部分是歸因於參觀者的數量，同時與企業本身也有某種程度的攸關性。就公司的前景發展而言，它們提供了既能展示新產品、又可表現宣傳一番的機會，而這通常是透過特別的「車輛表演」的方式來進行。汽車外仕仕也吸引了所有各個階層人士的注意：尤其是具專業知識的顧客一證券交易者、代理商、經理、出口商一和新聞界——項推廣汽車、有蓋貨車與卡車市場的關鍵元素一以及從熱愛汽車的個人到那些只想要渡過愉快的一天的一般民眾。至於對汽車業的經營者來說，這些展覽則是一項重要的國際交流點。就好像一齣新戲劇或音樂會的首演之夜可決定它未來的命運一樣，一場車展的演出亦能對某種全新車款的推出帶來成功或是完全失敗的結果。

歐洲福特公司

過去15年多來，以倫敦爲基地的團體—想像力公司—已經發展出一套十分成功的設計方法與傳播系統，其策略在於將這兩門學問視爲具有全然的互相關連性，並且輪次地與客戶的廣大目標、而非某個特定的信念連結在一起。當時的英國福特及歐洲福特兩者，早已是各式各樣的活動企劃、展示會和汽車秀的主要客戶。因此就1996-1997歐洲汽車展示季來說，想像力公司所面臨的挑戰不只是得創造出一處能成功地陳列新車——有著名的福特Ka、Puma與Mondeo——的絕佳環境，還必須建立起一種可應用於所有福特公司的主要歐洲展覽秀中的設計隱喻（design metaphor）及系統才行。

位於伯明罕的攤位之概況

福特Ka的推出

要去實行一項福特歐洲汽車展計畫的決議過程當中，並不只是牽涉到經濟面的規模而已。的確，藉由以某種類似的標準尺寸，套用於所有的主要歐洲展覽會、企劃與陳列上可說是達到了簡化且更具效率的目的。但更重要的注意事項為，福特公司應該在整個歐洲以一種**一致性的品牌形象**來呈現自身的特色，同時又能認同本地市場或區域性差異的事實。這便是交付予想像力公司的任務，而其他也透過全部預定下場地、完整的攤位設計與工具、再加入影片、圖樣、科技展示、促銷物品和印刷品、以及籌備攤位內部餐廳的菜單等方式來進行此工作。最後完成的設計版本可謂近一年來研究且發展的成果，右圖出現的展示會與活動設計即是由想像力公司為福特所營造出來的。

往樓上展示區的通道

座落於伯明罕的

此規模的空間

設計需要有組織且計畫好

的技術，以及豐富的

想像力。

像這樣規模的一項設計的製作，需要歷經三個主要的階段。首先便是結構的概念。這一部分以攤位的實際需求為基礎，一部分取決於設計者對客戶的希望與信念的理解程度，另外一方面和設計者本身的創意及技巧也有關係。它能使草圖的細微的特徵浮現在眼前、以函數圖形分析慣用的必要條件，並且與客戶一同展開構想文件的編撰。這些初期的計畫是透過直接地與客戶討論、或是經代理人的同心協力、由客戶指揮的會計小組與設計者一起工作，然後應用實體形式及電腦操作製成的更精細的模型和正統的分析法而產生的。對於追求一種最後的表現形式來說，這項信念的**不斷地再詮釋**過程需要來自於設計者本身的溝通技巧與清晰理解力的支持——和客戶建立起一種開放且有意識的對話是成功的關鍵。最後的層面，也就是隨著設計的要因妥當地確立，繼之而來的便是詳細的成本會計、策畫與展示活動的委託製作。過去在這些階段進行的期間，設計的成本及數理邏輯面都是被列入考量的重點，此任務主要是由會計小組來負責，不過他們現在卻必須調至加入最後的設計階段中。所以相對地，這還得仰賴全體團隊的有組織性與計畫周詳的技巧才行。

Mondeo 的工業技術展示

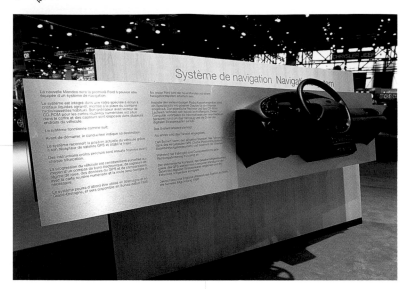

在一個靜態展中，客戶信念的基本要求即是以視覺和科技性兩者兼備的方式，去呈現出時下流行的車種。他們也必須建造一座能容納任何新模型的陳列劇場，並且為了表現慇勤招待的態度、個人及團體會議而提供設備。此處往外開展的設計，其目的是要讓攤位在兩層的展示臺上配置一個中心區、貴賓休息室，上層有辦公室與會議廳。至於靜態展方面，則被安排在沿著攤位周圍的邊緣或是前面舞臺的地方，另外還有可容納近200個座位、通常與攤位的後牆背對並排的陳列劇場區。

「邊緣的建築」。

「邊緣建築」的應用實例。

展示中的賽車
Formula 1

在伯明罕所
陳列的古董車

擷取福特汽車新設計樣式的精髓，想像力公司為全新的攤位構想出「邊緣建築」的概念，以作為設計的雛形。這使得攤位變成一項**首要的企業聲明書**，並且運用了著以亮眼藍色的大塊牆壁材料，來突顯攤位上的一些展示區。此項做法不但讓攤位從遠處即可輕易地辨識出來，而且當停放於斜坡之上的展示車輛正位在牆後時，還能幫助招來參觀者進入攤位探險一番。其它的建築元素則為大型的玻璃陳列素材，包括了有一部Formula 1賽車和一面電視牆等等。

另一項建築上的要素
—玻璃製的辦公室設備。

此外，將展示區配置於緊靠著後牆、介在咖啡屋與點心攤位之間的地方，也能吸引參觀者的光顧並瀏覽一下那些橫越藍牆中凹溝的各式不同的設計原素。

位於日內瓦的
「Galerie」Ka協力合作

創新方法背後的設計精神結合了一
種更有彈性的策略，以達到出售車
輛的目的：其中愈少有企業權威式
的聲明介入，就愈能促進齊心合力
的情況形成。這項新的市場理論即
是反映在靠近點心和娛樂區中天然
飲料供應處旁邊的按摩與芳香療法
的服務上。

並非是主張權
威的表現。

在Puma汽
車發表會上
的舞蹈團

1997年在日內瓦所推出的Puma新車。

和大肆宣傳某個企業本身的特色一樣，攤位也必須為新產品提供與眾不同的展示手法。就Ka的推出來說，車身是以一種單獨、設計簡單的車輛外觀陳列於前，並且強調高貴不貴的特點一來打動年輕人的心。至於Mondeo，憑藉著一種嚴謹專業的車輛形象，表現其中所蘊藏的輕描淡寫的優雅、形式及動力學的主題。此外，每款車的影片則是由想像力公司委託拍攝的。Ka汽車的廣告是以車子不分晝夜地駛過歐洲的一個城市，同時還有舞群傳達出車子獨特風格的方式來展現。

相反地，Modeo汽車的影片卻是藉由一種抽象的黑色與白色視聽元素的編輯、並且利用跳芭蕾舞的空中飛人在舞臺上演出作為表達的重點。對於每款汽車的呈現而言，一份完整的**音樂和視覺企劃案**亦是不可或缺的。所以在Ka方面，便安排了一項爵士樂四重唱及現代踢踏舞團的加入，而當新型的Modeo車款推出時則請來了身著白衣的空中飛人團，在燈光投射至其上的罩篷所營造的氣氛烘托下，於車輛的上頭表演助興。像這樣的抽象舞蹈、現代音樂與一支特別的託製影片的方法也被應用在1997年日內瓦汽車展中Puma的發表會上。

顏色的主調是以福特公司的專利藍色爲基礎，衍生出用來作爲背景的淺色調的藍、部分攤位上有天然木材所製的地板與牆面，以及其它區可見的銀色和灰色。爲了配合Ka及Modeo的推出，報紙刊物及客戶贈送的禮品被收錄在兩卷特別託人製作的音樂精選輯中，其中一卷爲每一輛車的附送品，而裡面的音樂同時還具有能符合每輛車的感覺的特色。

1997年
在日內瓦車展中
的多元媒體咖啡館。

新Mondeo
的宣傳影片放映

至此設計的課題便朝兩個層面推進。第一個就是試圖改進並提昇在歐洲其它的展示會中被用來當作是一項普通結構的攤位設計。另一個任務是爲那些在伯明罕、巴黎和日內瓦展出的新車種創造一處獨特的環境，而且又能天衣無縫、巧妙地將它搬移到主要的攤位上。同時，攤位的結構在未來也勢必要發展至可配合其它類型的展覽會的地步才行。

日內瓦的
「邊緣建築」

想像力公司的設計方法同時展現了創意與高度的專業作風。這是一項經由對於客
戶長期且深入地了解、以及在一家發展完善、世界性的設計公司所運用的豐富技
巧之下所獲得的成果。

Starting Out

Starting Out Starting Out

著手開始

一個商展的攤位並非只是爲了展示某家公司的產品或服務，它同時還具有像是會議點的功能。不管展覽會的性質是屬於公開抑或專業，而就算是後者的話，對經過的參觀者來說無論是否有擬定一份開會的正規時間表、還是僅僅爲一項「事出突然」的安排，都是改變不了的事實。因此任何設計者的首要大事，便是設法分配出會議與展示用兩者的空間。在此第一部分的4項設計中，將會討論到在相當狹小的空間，如側廊及島狀陳列處內這些問題如何獲得解決。（一個座落於側廊的攤位只有一邊是面對著群衆並緊靠一面牆；而一個島狀的攤位則是不需要支撐的類型，同時若有需要，可從任何一邊進入）。

威洛與戴杜是一間法國的小型照明器材公司，以舞臺設計起家。他們在主要的巴黎照明展中所佈置的攤位表現出一種變換場景的氣氛，並且將展覽者原本的外觀陳列系統轉變成爲一處可呈現他們全新設計作品的戲劇性舞臺布景。

在替一家名爲亞瑟的環保公司設計攤位的期間，位於聖地牙哥的發電廠陳列公司秉持著一項雙重的信念——即創造出一個會被一再誤認是側廊攤位的島狀展示臺。他們的構思極富隱喻性及想像力：亞瑟主要是一家服務性質的公司，因此設備器材的大型陳列物應該爲有迷人背景烘托的會客區所取代。

就來自克羅埃西亞Zagreb的艾瑪體育用品公司而言，完美(Perfectum)展示工作室必須設法呈現同樣由主要的運動設備廠商所製造的兩項產品。而他們的設計亦提供了一種對於展示物、詢問區與會議設施的正確混合方式。

北三供應給日本市場的產品爲牆面與地板的覆蓋材料。由於他們所生產的是現代和傳統兼具的設計，因此他們在東京的一項重要的專業技術展示會中的攤位，便需要將這些無接縫的建築特色予以象徵化，同時爲每一種產品規劃出可辨識的區域來。

所有的這些設計想要表達的是，小規模的空間並不一定會限制了設計者的創意或是阻擋住從無生有、由少變多的機會。

客戶：法國clamart的威洛與戴杜公司

設計者：in-house設計工作室

產品/服務：現代照明設計

展覽會名稱：巴黎國際照明展覽會

時間：1996年1月

擔長於將非常狹小的空間善加利用，一個由法國照明設計師所組成的年輕團隊——威洛與戴杜，在每兩年與主要的傢俱展，也就是Salon du Meuble一起舉辦的法國照明展覽會，即SIL(Salon International de la Lumiere)中展出了他們首次的設計系列。

客戶：**威洛與戴杜**

展覽會名稱：**國際照明展**

攤位大小：**12.5平方公尺（41平方英尺）的
側廊攤位**

總製作時間：**3天**

威洛與戴杜

威洛與戴杜的燈具是以金屬和玻璃製造的極富個性化的設計，擁有不同的尺寸大小及種類，例如桌燈、落地檯燈和向上照明的燈。18件風格特殊的燈具需要被安排在一處非常「**緊湊**」的空間內展出，同樣地對於一項較有限的預算來說也必須如此。

攤位的全景

在一處窄小的空間中，要為許多不同類型並具有各自特色的物品構想出一套設計陳列方法，的確是件極為苛求的事。同時此空間內還必須分配有一張會議用的桌子，以及周圍可供展示一些燈具的小型桌。由展覽會的主辦者所提供的攤位空間，是一處邊裡有2.5公尺(16.5英尺(8英尺)寬的開放式5公尺箱型區域。

威洛與戴杜的作法即是將後牆用4片高2公尺(6.5英尺)的鑲板分隔開，而每一片又各具不同的角度，以打破空間的限制。在每一片的鑲板中，另設有可陳列一盞盞燈具的窗框形支撐架。這些框架的邊緣則飾以著成銀色(鑲板的底色為較黯淡的白色)的硬紙板。此外，框架的內部還用U形大釘將布料精準地固定於邊緣上，為的是減輕重量感及表現另一種不一樣的質感。

Les murs du stand sont recouverts de coton à gratter blanc. Au sol il
y a une moquette aiguilletée grise
Les connections électriques se font derrière le paravent

5 m

C.E

2 m 50

C.E. Compteur Electrique

☑. Tasseaux qi sont légèrement mis en retrait de la tranche
(pour ne pas gêner l'articulation (≃10 cm du bord)

圖中的桌子是經由將碎屑的混合物
裝入厚重的硬紙板桶內、再配上大
小恰好且染以暗白色的木質蓋子而
製成的。會議桌則是一只較大號的
筒狀物，擁有一個伸出的圓形頂
部。

其周圍所擺放的木製板條椅，使桌
子更增添一份堅固的力感，同時一
只固定在內側並暴露於外的架子亦
能為目錄及文件提供一處存放所。

簡約的設計
能增加產品的
獨特性。

攤位傢俱的設計
圖（上方）與
構成細節說明。

此種刻意地以鬆散的風格設計攤位的方法，其用意在於加強燈具設計的個性化特
色，並且藉著框架所擺放的有點瘋狂的角度來使這種感覺更為明顯。另外，具有
4個部分的隔板不但幫助隱藏住了開關器箱，而且對照明展來說也是一項必要、卻
容易遭到破壞的元素。

這項設計展現了一個成功的**低成本攤位**是如何利用基本的素材建造起來，並且使
人對於產品品質的呈現方法能有一種概略的了解。還有像是著上銀色的硬紙板框
和公園用椅等的裝飾風格，也被加進此精彩絕倫的設計之中。威洛與戴杜來自於
戲劇照明及舞臺設計的背景，正好從攤位的巧妙燈光演出（mise en scene）便可清
楚地窺得。

三樣由威洛
與戴杜所設計的燈具。

AZUR
Environmental

亞瑟
環保公司

客戶：美國加州92008的亞瑟環保公司

設計者：美國加州聖地牙哥的發電廠陳列公司

產品/服務：水淨化工程

展覽會名稱：WEFTEC'96，
美國德州達拉斯水環境
同盟69週年研討與博覽會

時間：1996年10月5日至9日

專門為水工業界進行環境測試系統
的亞瑟環保公司，需要一個在應邀
參加的商業性場合中可供研討會形
式的會議及產品展示用的小型攤
位。為了首次的展出，他們希望能
建造一個島狀的攤位，不過同時也
要求發電廠陳列公司的羅伯・昆森
柏利 (Rob Quisenberry) 替他們製
作出某個會被誤認是側廊攤位的設
計來。

客戶：亞瑟環保公司

展覽會名稱：WEFTEC'96

攤位大小：122平方公尺（400平方英尺）的變形
島狀攤位

總製作時間：1996年9月7日至27日

亞瑟環保公司

一項**島狀攤位**的設計——即一個從四邊都能進入的攤位——面臨了一個特別的難題，也就是在有主要入口、而某人又可由其它的側面到達攤位的條件下，如何使側面能夠輕易地被辨識出來並大受歡迎。發電廠陳列公司藉著以一連串拱門的形式，將攤位的主要結構橫過對角線地放置而解決了此問題。其中，「首要」的入口正好面朝向接待員所在的櫃臺，同時中心區域也被高聳其上、對邊相呼應且以展示用框斗支撐的亞瑟標誌包圍起來。

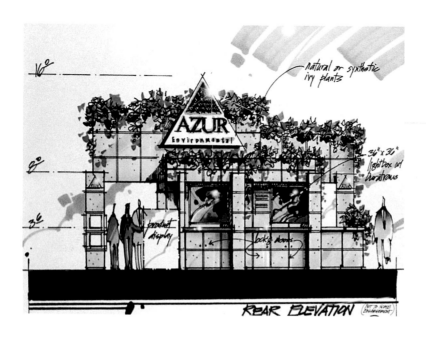

於一處正方形的展示臺上運用角度的傾斜，使其在會場的影響力達到頂點。

在客戶會議時所使用的陳列設計藍圖。

以模型製作形式，測試計畫的可行性。

「為了表現出亞
瑟公司對環保的誠正度，我
們採用叢林神殿的構想，以
當做一項隱喻。」羅伯
・昆森柏利如是說。

在首要的入口
處，可見到位於服務
臺後面的人造瀑布。

攤位的設計主題乃是一座仿造的馬雅遺跡，加上一個位在主要標誌之下的人工瀑布，以及置於上方邊緣的植物黃楊，再再都強調出客戶公司的環保意識活動。當中，假瀑布可讓人聯想到這家公司居世界一流地位的水測試系統。這項設計是透過模型和製圖、及經由與客戶的不斷討論才產生的。而裡面的元素亦可以一再地用來在一座61平方公尺（200平方英尺）的展示臺上製作一個側廊的攤位。

此攤位的主要暗喻並非僅僅和亞瑟公司在環保領域中的專業行為有關——他們的Microtox系統被普遍地使用來檢測水中所含的微生物與毒素——它還令人感到耳目一新、帶動鼓舞的作用，並且與其它在一項專業展覽會中呈現的較正統的展式方法的攤位形成一種刻意醒目的對比。對於空間稍微狹窄的情況來說，它善用公開展示的語言的結果，反而造就了一個更寬廣的外觀。這也是在設計一個可於其它場合並以不同形態重覆運用的攤位當中，一項重要的因素。

座落於橫斷的正
面背後的工作站與
倉庫區。

發電廠陳列公司是展示攤位設計和建造方面的專家，並且一手包辦從概念的形成至動工架設的攤位企畫。他們的作品曾榮獲數次的獎項頒贈，包括了一件名為「從未出現過的絕佳點子」(Best Idea Never Produced) 的設計。他們的作品所富有的特色為，栩栩如生的視覺想像力配合上一種對於素材的謹慎使用及完成後整體外觀的強烈注重的風格。

被誤認為是一個側廊攤位的構成元素。

客戶：克羅埃西亞Zagreb的艾瑪體育用品公司

設計者：克羅埃西亞Zagreb的完美展示工作室

產品/服務：運動服裝

展覽會名稱：運動服裝展示會，Zagreb 96年體育用品大展

時間：1996年

金索羅曼(King Solomon)激進的
參與事物的作法是眾所皆知的。像
這樣一種難以取悅的決斷力也可以
適用於某個攤位的設計者身上——
不過幸好需要解決的對象為無生命
體。

艾瑪體育用品公司在克羅埃西亞的
市場分成兩種主要的運動品牌。因
此，要如何在同一個攤位上將這兩
者平等地展現出來將會是一項難
題。

客戶：艾瑪體育用品公司

展覽會名稱：Zagreb 96年體育用品展

攤位大小：130平方公尺(425平方英尺)的側廊攤位
總製作時間：1個月

艾瑪體育用品公司

艾瑪體育用品公司代表了Reebok與Umbro兩種品牌。雖然Reebok專賣的是球鞋，而Umbro以運動服裝的銷售為主，但兩者都是屬於運動/休閒衣類的市場。在重要的克羅埃西亞的體育展中將它們劃分為數個小型的攤位，對於攤位的工作人員來說不但造成後勤的渾亂，同時更降低了艾瑪本身一致性的影響力。而來自Zagreb的完美設計團隊便是受託來解決這項**空間分配**難題的救星。

為相互競爭的商品路線創造出同等的展示空間，使每一個都具有一項強烈的主體性。

他們的作法是，從面向**前方的後牆**處將攤位一分為二，並且讓每一個品牌使用一半的空間。每一半的陳設布置皆是另一半的翻版，不過參觀者仍是可以由一邊的空間通到另一邊去。而沿著中線的地方則安排了一間正對前方的側廊且擁有大型螢幕電視機的影帶觀賞室，以及衣櫥和廚房區。在攤位的後方還有兩間分別擺著兩張桌子的箱型會議室。環繞著會議區外緣，也就是各自面向旁邊的側廊與內部攤位的地方，是用來展示產品的區域。類似的所謂「**商店櫥窗**」也被設置在衣櫥和影帶觀賞室的外邊並對著攤位的區段。同時在每間會議室的前面另各有相同的呈曲線形的接待臺。

電視的裝置不但有助於招徠過路者，而且可充作分為兩半的攤位中間的隔離物。

32

此會場具有低接
的天花板和不足的燈光
設備，所以在懸浮著的天
花板下創造出一個照
明良好的室內環境，才能
吸引參觀者進入此空間。

為了強調三項名稱的獨自性，完美
工作室設計了可具體呈現在攤位外
部角落、側斜的塔狀物，其中一個屬
於Umbro，另一個分配給Reebok
。Ema Soprt本身的標誌與企業色
彩則被融入影帶觀賞室上方的圖文
條飾中，以及放進橫越攤位中央的
懸空式天花板的招牌上面。這個圍
繞式的區域給人一種像是體育用品
店的感覺，因此陳列櫃內從地板到
天花板的設計看起來也和商店的櫥
窗一模一樣。

上圖那些似要飛起來的扶
牆柱狀物——每一個都有寫
上一項品牌的名字——將會場上
的支撐柱隱藏住，要不然可能會
破壞攤位的外觀。

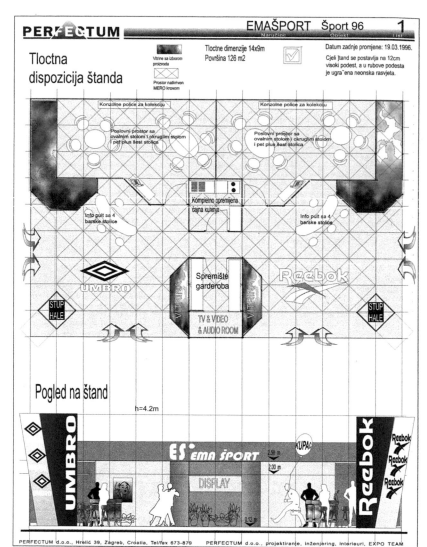

此設計圖展現了各個元素的配置情況及參觀者的可能流動型態。

注意在此正面圖上抽象人物的描繪運用，能令整個設計更有生氣活力。

完美工作室在這個攤位上利用了以電鍍鋁的骨架加上白色塡塞物的嵌板爲基礎的局部形式(Meroform)建造系統。就好像製作總監戴揚‧賽立克(Dejan Cehlic)所指出的，當全部的材料都是租來的情況下，這種作法實爲迅速且不昂貴的好點子。而它同時也提供了一處機能性的室內空間，突顯出專業生意往來由展覽會主導的特色。

完美工作室已經爲在德國、義大利、澳洲、匈牙利、俄國及克羅埃西亞本地所舉辦的博覽會製作了超過400個的展示攤位。他們也因這些設計作品而贏得許多的獎項，並且在此日漸蓬勃發展的當地市場中成爲懂得創造簡單卻極富效力的小型攤位的專家。

北三

客戶：日本東京北三公司

設計者：日本東京MIK設計有限公司

產品/服務：地板和牆面覆蓋材料

展覽會名稱：日本東京春見市建築與
結構材料展

時間：1995年3月

北三公司所生產的地板與牆面覆蓋
材料主要是銷售至日本的市場，其
使用的材料包羅了新舊兩者，因而
能夠滿足且符合傳統及現代室內設
計的需求。在1993年的日本商店博
覽會中，小川Kunio和來自MIK設
計公司的同事一起建造了一座擁有
高聳外牆的石柱林。到了1995年另
一項屬於專業領域、但把強調重點
從零售環境的角度轉移至各式各樣
的建築空間的建築與結構材料展的
時候，小川便決定要以一種全新的
方式，來探究有關於外觀及內部的
主題。

展覽會名稱：**建築與結構展**

攤位大小：216平方公尺（12×18公尺）（40英尺×
60英尺）的單層島狀攤位
總製作時間：從概念形成到完工共2個月
素材：地板—針孔狀地毯及 "ekki" 木製深藍灰色的材料
牆面覆蓋物—壁紙

北三

此攤位是設置在一座12（18公尺（40英尺（60英尺）的平臺上，而最初的計畫是想要利用一座側斜的牆來遮蔽住攤位，以作爲正式的入口及注目的焦點。同時通過牆壁的開口處也應該按照一項「**傳統**」的設計法，使用 "ekki" 木製的板條進行橋樑的搭建。

下圖的一幅當時所描繪的透視畫，呈現出橋樑將攤位轉化成爲一座島、並且以一處花園的區域限定它和後面設有展示牆的特色。小川本人的解釋是，「運用這項穿過牆壁表面的技巧，爲的是完全地改變且分化對於**外在與內在**的印象。」

初期的透視圖是藉由對橋樑與花園的暗喩開始繪製的，然後以一種概念式的方法，發展成具抽象空間及形式的模擬。

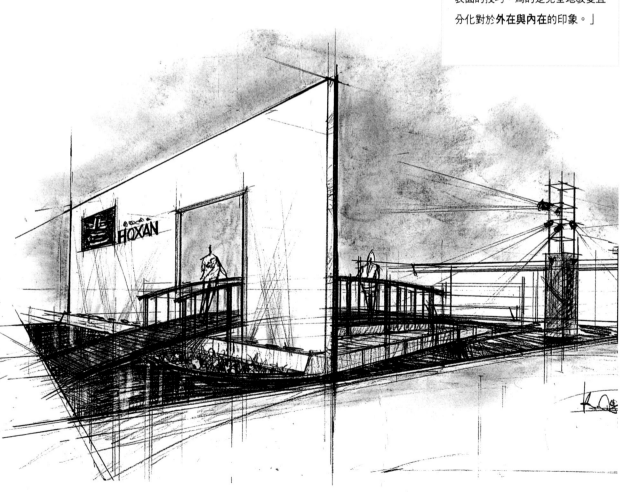

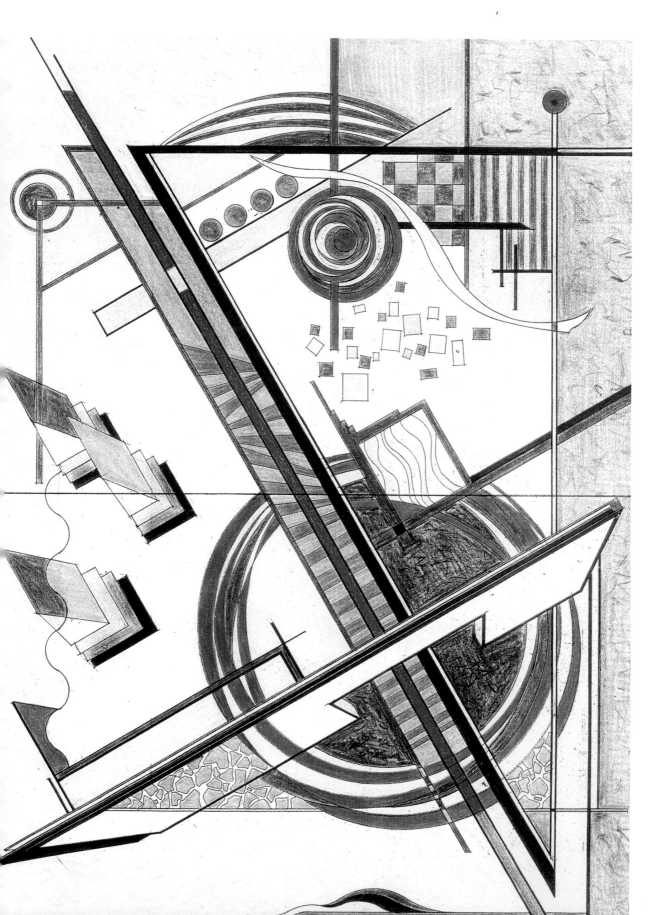

此種概念接下去再進展成一項較為**抽象**的計畫，也就是拋棄花園及島狀結構的圖式，並且配置更多的展示設備和會議區。在牆後的空間之內，是橋樑到達終點站的地方，亦為不同種類的材料提供了陳列區域的選擇機會：如例圓錐形的展示櫥櫃可移至一邊並擺上材料的樣品、另一邊的一間間陳列室便展出傳統及西化的構成方法，而一處會議點則設在面向主要的入口且封住與攤位相對的角落的地方。

在隔板的牆後面，可見到許多攤有各自產品群的不同陳列區。

圓錐形的展示裝置頂上所架設設的減少主義藝術（Minimalism）的黑色照明用構臺。

橋樑柔和的坡道曲線與設有戲劇性照明燈光、堅固的6公尺高（19.5英尺）的白牆形成一種強烈的對比。

這些展示區的特色在照明方式——全體燈光的位置皆被刻意地壓低，而補助的照明設施則安裝於展示區的上方——的影響下產生了更大差異性。定向式往上照明的燈光渲染遍整個外牆也是攤位的特點之一，令表面充滿生氣蓬勃的感覺並暗示了內部的明顯對比性。

上圖兩間展示區經約的佈置，表現出傳統和西方裝飾風格的差別之處。

MIK設計有限公司於1993年在日本所建造的攤位，則是選擇了以一支支設置於和地面呈某個角度的屋頂之下林立的柱子作爲較密集的暗喻對象。以上的兩項可謂創新的設計，展現出一種對於客戶市場策略的持續性了解。

「這項設計所根據的概念即是一切裝飾性元素的排除。」小川說道。

1993年的攤位

許多攤位的設計是以抽象的概念作爲開端，然後再演變出更多裝飾性的象徵及特色。但此處這項過程似乎是逆向地在發生。最初**原本的裝潢**計畫除了能有助於增加在一座白色背景上的效果的 "ekki" 橋樑以外，皆已有系統地刪掉任何的裝飾性元素。而當時的讓攤位面對著6公尺高（19.5英尺）的牆的設計，其實是具有極爲深長的意味，因此選擇搭建一座傳統的橋樑——對日本的觀眾來說，它本身便是一項充滿哲學與**文化觀念**的意象表現——和北三所兼顧的傳統及現代的特點產生了一種燦爛輝煌的共鳴。

空間設計
Designing into Space

Designing into Space

約瑟夫‧佩斯頓(Joseph Paxton)於1851年設計的水晶宮建築一一爲所有展覽會建築的創始者,亦是世界上第一個國際商業博覽會舉辦的所在地——是在一張粉紅色的吸墨紙上潦草繪製的,接著一星期後便作成一份完整的計畫書。同樣的,ICON的吉姆‧馬丁(Jim Martin)也在一張紙餐巾上爲崔諾瓦公司攤位主要特色的設計描繪出略圖來,並且於數天內即在他的電腦上完成了全部的CAD(電腦輔助設計)的模型製作。由此可知,設計所需的總時間就算是使用的工具不同也不會因而有絲毫的改變。

本章節將要看看一組能呈現整個進行中的設計過程、屬於中等到大型規模的攤位實例。其中,奧利維蒂及瑞佳尼兩者的攤位皆表現出透過一項有關陳列的主要構想與空間的運用,來清楚地傳達本身概念的特色。而從水野的攤位設計可看出如何利用某個專業的場地和規劃製作的空間,以達到成功展示運動產品的方法。就菲利浦在兩項盛大的主要電子展覽會中的攤位來說,設計者則是藉由不同的方式使用了相同的核心視覺概念,創造出獨樹一幟且且結構複雜的環境。另外,對於黃金書籍家庭娛樂公司而言,燈光及色彩是設計者用來推廣促銷有關兒童書籍市場的關鍵性工具,同時美國電訊所提供的無法以肉眼看到的服務——電子資訊——也被變換成爲一項明顯可見的視覺呈現。

最後,由魯特聯合(Root Associate)公司爲一項電腦遊戲展所設計的「天堂產品」,展現一閃即逝的視覺影像如何從非常少的材料運用上,創造出一種令人讚歎不已的效果的過程。所有的這些設計作品的精髓即是在於當設計者經常面對著緊迫的期限壓力或是固定預算的限制下,仍能將視覺的概念實現於一處可行的專業空間之中的技巧,以及保持與客戶間的密切互動並對其信念有一種深入的了解。

奧利維蒂

客戶： 英國奧利維蒂個人電腦公司

設計者： 英國倫敦的康康(Can-Can)展示公司

產品/服務： 電腦硬體設備

展覽會名稱： 英國倫敦奧林匹亞96年Xana個人電腦現場發表會

時間： 1996年9月

你要如何在一處本質屬於公開且受歡迎的商展環境內創造出一項令人驚奇的特色？有些公司透過一連串的展示活動、或是藉著挪出部分的攤位空間建造一間私人劇場來表現其與眾不同之處。對於奧利維蒂而言，便是將整個攤位變成一座宛如劇場的展示區，同時趁著96年流行的趨勢推出一款的全新機種的個人電腦。

客戶：奧利維蒂個人電腦公司

展覽會名稱：96年Xana個人電腦展

攤位大小：14公尺×12公尺（46英尺
×40英尺）的兩層島狀攤位

總製作時間：6星期

奧利維蒂個人電腦

19世紀末，奧利維蒂在義大利生產了第一部的商業用打字機。

從那時起，這家公司便展開多樣化的經營，加進了機械、電腦主機、辦公室傢俱、以及近來多半著重的桌上型與手提式個人電腦的製造。奧利維蒂的名稱正好也和「有辨別力的設計」（di-scerning design）是同義詞──享譽國際的設計師像是艾托爾‧索扎斯（Ettore Sottsass）、瑪里奧‧貝利尼（Mario Bellini）及麥奇立‧迪‧路契（Michele de Lucchi）部分都是由於他們為奧利維蒂工作的原因而打響了名號。在設計個人電腦的過程中，嚴密的人體工學研究還配合上能使奧利維蒂的產品看起來與眾不同的的色彩及造型的賦與。

攤位的主要入口

「愉悅你的眼睛──滿足你的心靈！」

就攤位的設計來看，其中一項基本的難題即是內在與外部之間關係的處理。譬如像是需要使用什麼樣的明顯分隔物，才能標示出攤位與周圍步道及其它攤位之間的邊緣界線。而它是應該屬於透明材質，以藉由立即清楚可見的商品展示來吸引過路者，還是僅僅提供一項建議或讓人瞧一眼裡頭到底有些什麼東西而已（當然不會將好奇的人趕走）。對於在96年的倫敦推出新型個人電腦的奧利維蒂來說，這項難題是其在建造舞臺上所必須面臨的更大挑戰。

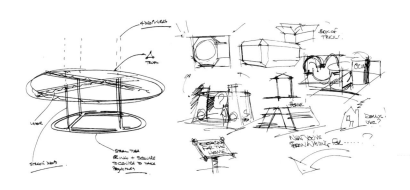

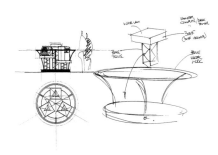

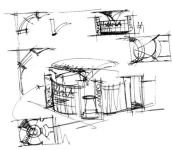

不過解決的方法亦來自於信念的本質。比起其它一些擁有較大型場地的展出者而言，奧利維蒂提供了一種目標範圍更加縮小的產品，並且覺得最好以單獨陳列、而非藉著可自由操作展示會上的電腦的方式，來達到市場銷售的目的——在家使用個人電腦者可添購遊戲、多媒體和網際網路的設備。的確，當一天內要為湧進的二十萬人次服務時，也只有4部作業的電腦可供使用。

繪製設計的草圖，以逐步發展出呈自由線狀的概念。

攤位前面的正視圖速寫

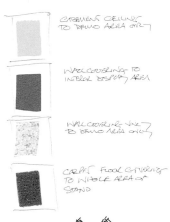

顏色的樣品有助於確認攤位所需的色彩與素材。

總經理珍妮金(Jenny King)說道，「這項展覽吸引了年輕的觀眾群，而競爭也是相當激烈的。我們需要去創造出一種能令人感到美好的經驗來才行。」

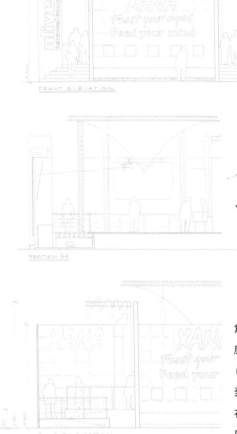

外部環幟的一些概略色彩

以下是根據康康展示公司的總經理珍妮金所表述的話：「我們需要一處可塑造成具教育價值和充滿樂趣、同時也能快速且有效率搭建製作的環境。因此，我們便透過利用高牆包圍住攤位並限定通路──藉以迫使參觀者進入攤位一窺裡面之究竟──的方式當作起點。為了符合電腦的造型風格，這些牆壁全都呈現出曲線的形狀。而攤位內部則設置了一個圓形的中心觀測區。此處是由三個各為3公尺（2.5公尺×10英尺×8英尺）大小、前方放映的電視螢幕所構成；能給予觀眾一種彷彿置身迴轉畫館的感受。一捲3.5分鐘長的影片也被安排從這些螢幕上播放出來。總之，此種環繞式的設計提供了我們一項大玩燈光、映像特效及聲音的來源與方向變換的機會。」

為了幫助主要的展覽會獲得成功，康康展示公司還設計了一個15公尺（49英尺）的宣傳標幟並裝飾在入口到展覽會場的地方，以及安排一部在會場前庭放映的促銷預告片和到處分發購物袋給參觀者的推廣人員。另外，奧利維蒂也提供一處娛樂區，可讓數個由4人所組成的競爭團隊同時參加現場的挑戰遊戲。其實在奧利維蒂的Xana攤位背後的設計概念本質上是非常簡單的。就好像大衛面對他的敵手歌利亞一樣，必須藉助拉攏群眾的力量，以扭轉其處於劣勢的情況。因此，經由了解參觀者的心理、提高對顧客的尊重和避免強力推銷，它最後達到了成功的展示目的。同樣地，在以市場導向為主的攤位的一般經營策略下，建立起像這樣一種陳列技巧的改變，也能夠讓客戶的心中留下一個難忘的特別印象。

攤位的內部──注意那以紡織品製成的天花板，目的是作為燈光展示的投射之用。

菲利浦

客戶：美國田納西州Knoxville的菲利浦消費電器公司

設計者：美國印第安那州的佛特・韋尼ICON有限公司

產品/服務：消費性電器

展覽會名稱：美國拉斯維加斯消費電器
大展(CES)

時間：1996及1997年

一家公司的企業識別──不管是標
誌、印刷字的大小與風格或是顏色
──代表了一項公司的主要投資及
重要的企業資產。在設計一個商展
攤位時，除非企劃案需要一項不同
的解決法（例如當推出一項全新的
產品時，新的名稱將是優先考慮的
重點），否則企業識別手冊的規定
原則上還是應該予以尊重。

客戶：	菲利浦消費電器公司
展覽會名稱：	消費電器大展 (CES)
攤位大小：	40公尺×25.5公尺 (30英尺×84英尺) 兩層島狀攤位
總製作時間：	3個月

PHILIPS MAGNAVOX

規模龐大的荷蘭電器生產公司，即菲利浦，藉著取得其它的公司並保留它們的名字與品牌，將主力的發展放在美國的市場上。然而近幾年來，他們已經著手開始推銷主要的菲利浦名號。爲了替一個大型的電器產品展設計攤位，來自ICON公司的設計者於是尋找可讓菲利浦的**主要名稱及品牌**的名字，即Magnavox能強烈顯眼地被呈現出來的方法，再加以一種符合其公司在市場地位的視覺上的適當隱喩。這項構想是經過與菲利浦自己所指派的、以萊利·凱文那（Lyle Cavanagh）爲首的展覽計畫安排小組進行一連串的會議討論而達成的結果。

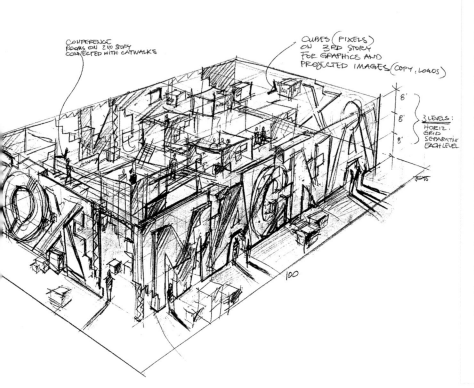

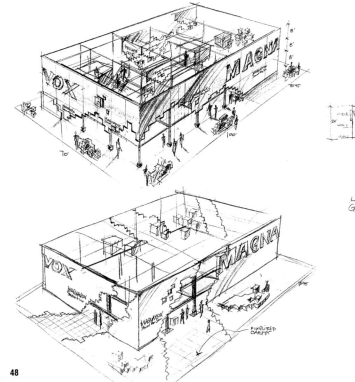

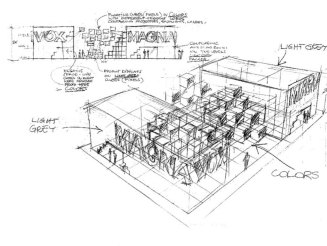

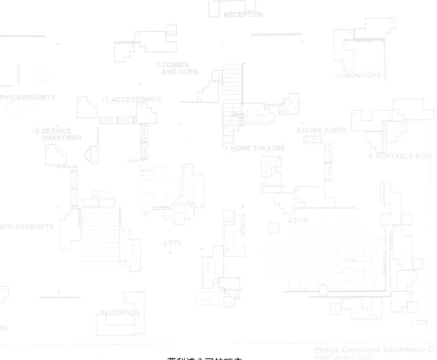

RECEPTION

3.COMBIS AND VCRS

19.MONITORS

.SERVICE/PRIORITY

11.ACCESSORIES

12.SERVICE SMARTMAN

8.HOME AUDIO

7.HOME THEATRE

9. PORTABLE AUDIO

15.NEW PRODUCTS

2.PTV

4.DVD

RECEPTION

1.GTV

Philips Consumer Electronics C
1996 winter CES
First floor plan 3/16 = 1 scale
revised Nov 2?, 1995 J S
© 1995 Icon All rights reserved

菲利浦公司的瑞奇・荷斯特勒(Rich Hostler)曾說：「菲利浦在數位革命中致力於達到首屈一指的領導地位便是成功的關鍵。」

要爲這樣的一個難題來發掘出應對之道的最好方法之一便是透過快速的素描，有時亦稱爲草圖，讓設計者可迅速地探究不同的選擇而不致於失去視覺構想的流暢性。在此所列入評估考慮的作法，等到攤位大小與陳設布置的基本方向都決定好之後，便會成爲一項應用此技術的最佳範例。

不過它並非只是紙上談兵而已。這項企劃案還詳細地規劃了一處可在15互異的區域容納50人的座位的展示區，其中包括了手提音響設備、寬螢幕家用電視機、卡式錄放影機和新產品區等。

另外有幾項可行的點子則是研究將展覽元素移至攤位主牆的外面：例如一個在上頭的屋頂罩篷被斜向地安置於對著主要中心線的地方並用來投射標誌與影像、以及由後方懸掛著的立方體供給光線、各被安排在此大攤位的每一端的兩個超大螢幕。至於一項早期在1996年的CES中出現的隱喻則是「像素之盒」（像素爲被裝置進一臺電視的螢光幕上或監視器影像的映像最小單位）。

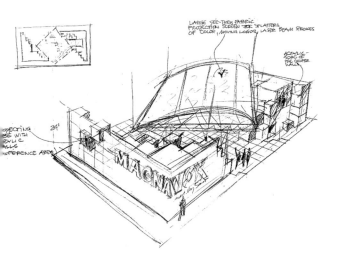

LARGE SEE-THRU FABRIC
PROJECTION SCREEN FOR SPLATTERS
OF COLOR, MOVING LOGOS, LASER BEAM STROKES

ACRYLIC
SONG OF
THE COUNTER
WALLS

MAGNAVOX

不同的擴大且伸展攤位的方法——依照像素對焦圖案做成的牆壁開口、或是一個斜向的屋頂——透過素描以一探究竟。

早期的概念性草圖顯現出了將 MAGNAVOX這個字以紅色拼字烘托出來的灰色外牆，再加上造型誇張的入口，而在攤位內部，不同的區域則是利用看來有些瘋狂的隔間牆或是懸浮於空中的淡色像素樣式的立方體劃分開來。此項概念可視爲是一種商店的室內設計，同時它的隱喻也主導了整個概念的發展，直到攤位的製作完成爲止。

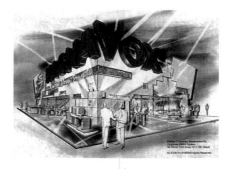

最後描繪出的草圖：強調對於外牆所產生誇張效果。

室內的景觀繪製。

「聰明得不能再聰明」（1996年展覽會的攤位標語）。

1996年完成布置後的攤位

從一組剛開始的七項概念中選擇以黑、白兩色來進行素描，不過最後的版本是讓外部與內部全都著上顏色。而這些便形成了最終定案的基礎。

1996年攤位的主要設計者傑·蘇比艾克（Jan Szu-biak），提出以下的看法：「**客戶的敏感度**及有關當代設計和**建築的高水準觀點**——連同嚴謹的預算——帶給我一種罕有且極能充分發揮的經驗。

1996年攤位的室內景觀

1996年攤位上的服務臺。

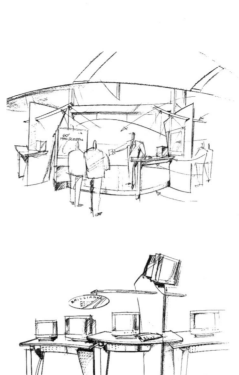

儘管1996年的攤位代表了一項打破以前設計方法的完全改變，客戶和設計者仍是決定1997年的攤位也應該要展現出另一種全然翻新的面貌。與從前在外牆的骨架中所運用的以直線圍起來的設計相反，新的攤位將一個中央的核心安置於兩層樓之間，其外面及內部則設有如側翼般呈曲線狀的展示區。中心的這個單獨劇院被分成兩處較小的區域，一處在核心之內，另一處位於外圍，同時每一處皆可容納15個人的座位，而展示區的數量也從15增加至19，好為新的產品，像是行星搜尋(Planet Search)及數位相機提供充足的陳列空間。

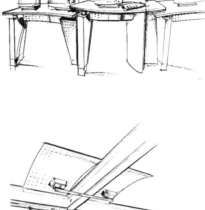

針對1997年攤位的內部，像俱和設備的細節考究。

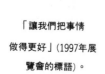

「讓我們把事情做得更好」(1997年展覽會的標語)。

為1997年攤位所繪製的最後設計圖。

同樣地，替整個攤位和桌子擺設的細節、陳列區及監視器的位置進行製圖與素描的工作，都是在發展設計上的主要路線。為了設法將一種「流動感」融入攤位內並由早先版本的舊形式之中掙脫而出，曲線狀的紡織品樣式，有些著以顏色，有些用來當作投射的螢幕，全被固定立於地板之上或是從天花板處垂下來飄浮在攤位的上頭。雖然許多在1996年的CES中出現過的結構性元素與陳設實際上亦再度地被應用於1997年的展覽，但整體攤位的視覺語言卻藉著一種包羅廣泛且擴大的重新設計而令人感到面目一新。

1997年攤位的外部及內部概況。

Magnavox的兩個攤位爲表現了在客戶與設計者之間的團隊工作如何能快速且成功地發展出概念，並且從一次次的展覽中不斷地改進它們的最佳範例。每一項設計由開始到完成需要花費3個月的時間，但這必須視爲是在一個合作伙伴之間經過持續性溝通和了解的背景下所產生的結果。實際上，透過素描而逐步發展出來的設計主要是這項快速進程的一種反映，即使如此，它也掩藏不住此設計本身就已是十分錯縱複雜的事時：主要的結構計畫、照明與電子設備的籌畫、爲個別的桌子和辦公桌所作的詳細設計書、以及關於建造與裝配組合的數理邏輯文件，皆得在緊迫的時限內趕造出來。

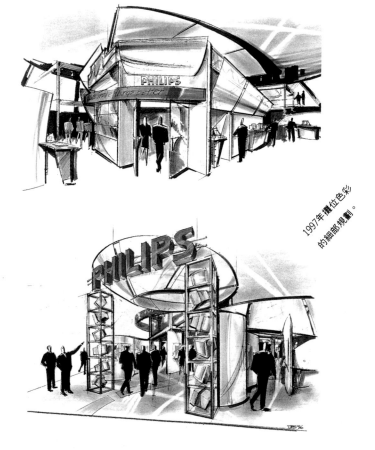

1997年攤位色彩的細部規劃。

水野

客戶：日本大阪的水野公司

設計者：日本東京的藤谷(fujiya)有限公司

產品/服務：一般運動產品製造商

展覽會名稱：日本Tiba定期會議中心的日本體育用品展

時間：1995年

任何認為籃球純粹是美國人玩的遊戲的人可要三思了。它在菲律賓及古巴早就流行了有很長的一段時間。於1930年代的北英格蘭便已出現夏季的籃球比賽聯盟，而此遊戲在日本也成為大半個20世紀裡最風靡的運動。當中，就在1906年的日本，水野(Rihachi Mizuno)創建了一家專賣籃球的小型家庭式公司。直到1930年代，此公司已將業務觸角往外延伸至滑雪裝備及高爾夫球桿的製造，而今天還生產了各式各樣的體育用品，例如運動衣和鞋襪等。在年營業額超過2億元的情況下，它堪稱是世界上最大的一般運動產品製造商——並且仍然維持著一種家庭式經營的企業。

客戶：水野公司
展覽會名稱：日本體育用品展
攤位大小：47公尺（84公尺的島狀攤位×154英尺×
總製作時間：5個月　　　　　　　　275.5英尺）

水野

體育活動的贊助長久以來一直是一項公司經營哲學中絕對必要的部分：水野公司於1911年以提供者的身分支持了日本首屆的商業聯盟籃球冠軍賽，並且從1942年起便與奧運結下不解之緣。在1996年於亞特蘭大所舉行的一百週年奧運當中，水野工司更是扮演了官方供應者的角色，而他們在1995年日本體育用品展，也就是一項重要的專業展示會裡的攤位，即是利用奧運作為一項主題，置於「體育世界」這個標題之下。

體育活動的贊助
能確立在市場上的領導
地位。

朝水野
所設的奧運聖
火方向的展覽會大
致景觀。

藝術家對於「體育世界」
展示會的構想。

通往攤位的主入口是沿著一邊狹窄的側面進去的。此處有主要的接待區,可在參
觀者被帶領前去那些佔了攤位大部分位置的80個左右的會議桌趕赴相關的約會之
前,先向他們約略地介紹一遍有關搭配販賣的商品及零售服務。(像這樣會議區域
的密集程度可能過於一面倒且強烈,然而凡是曾在此繁忙的攤位上工作過的人都
會異口同聲地認定說這種大量的活動力確實能激發它本身的**企業合作向心力**並發
揮鼓舞的功用。)

藝術家對於主要入口
的設計圖。

攤位的外緣部分變成了產品的展示臺。而一個具角度的骨架則支撐起印有產品與標誌圖例的嵌板，或是加裝上棚架，以擺放和實物大小一樣的模型。此處的隱喻為一個象徵奧運的墊石（podium），其上還置有以紅色海綿乳膠製作的奧運聖火。

主要的入口及標誌

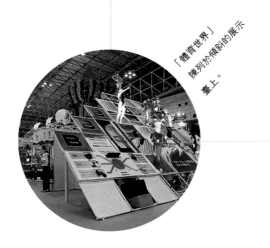

「體育世界」陳列於傾斜的展示臺上。

水野公司的攤位其實代表著一項企業權威的聲明書：譬如留意一下將標誌放置於入口區之上的安排。還有就是外部骨架整齊劃一的運用而將強大的活動力壓縮在內部，同時卻又作出一番對於水野本身的地位與聲望的寧靜陳述，並且在這一百週年的奧運遊戲中褒揚慶祝他們的官方公認角色。

維克
崔諾凡企業

客戶：美國俄亥俄州Maumee的崔諾凡企業維克分公司

設計者：美國印第安那州佛特‧威尼ICON有限公司

產品/服務：重裝備、水壓幫浦、調水觸、操縱裝置、軟管及附件

展覽會名稱：美國拉斯維加斯CONEXPO

時間：1996年

維克公司所從事的是在各種不同機械工業中具有廣泛應用性的水壓活塞及幫浦的製造。其中一項重要的用途，便是運用在建造業設備的動力與運轉操縱裝置上，例如挖土機和掘鑿器。因此倘若你想要打動群眾，就得先憾動大地才行。

| 客戶：崔諾凡企業維克分公司 |
| 展覽會名稱：拉斯維加斯CONEXPO |
| 攤位大小：9公尺×12公尺（30英尺×40英尺）的島狀攤位與8公尺（4公尺×2.5公尺（27英尺×13英尺×8英尺）的「抽象活動雕塑」
總製作時間：3個月 |

崔諾凡・維克

ICON有限公司是一家擅長於完全服務性質的展覽會設計和製作的設計公司，並且已經與維克公司在許多次的商展及展示會上合作過。他們受到維克的委託去尋找一種可在美國與國際間、向他們自己的配銷商展出水壓活塞的新裝配線和輔助設備的方法。解決之道的前半部是相當顯而易見的：即實地秀出在運轉中的產品，譬如一臺備有兩支鏟子的挖土機。至於第二部分則難得多：也就是如何從其它同具機械「背景」的挖土機掘鑿器中挑選出需要的產品。答案就是去造一部**屬於你自己的**，而這正是工業設計師吉姆・馬汀（Jim Martin）及設計總監麥可・布里克（Mike Bricker）所要開始著手進行的事。

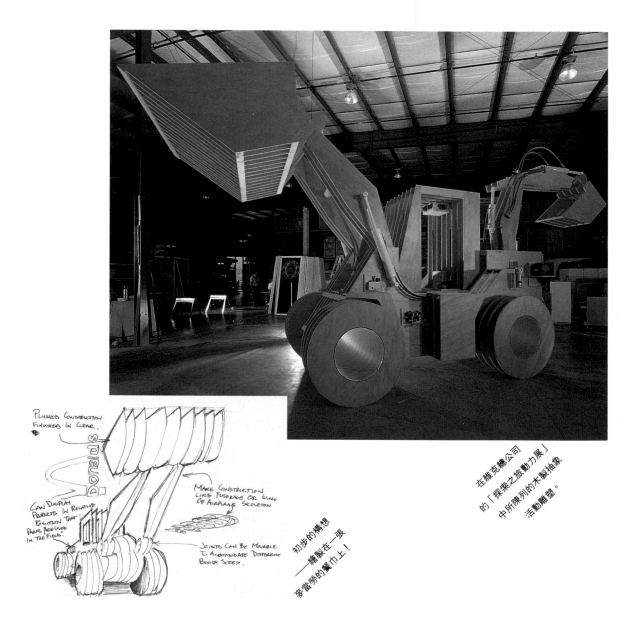

PLYWOOD CONSTRUCTION FINISHED IN CLEAR.

CAN DISPLAY PRODUCTS IN RELATIVE POSITION THAT PARTS ARE USED IN THE FIELD.

MAKE CONSTRUCTION LIKE FUSELAGE OR WING OF AIRPLANE SKELETON

JOINTS CAN BE MOVABLE TO ACCOMMODATE DIFFERENT BOOTH SIZES.

初步的構想——繪製在一張麥當勞的餐巾上！

在維克總公司的「探索之旅動力展」中所陳列的木製抽象活動雕塑。

放置於CONEXPO攤位上的「抽象活動雕塑」。

「完成後的結果無疑地絕對是『放手去作』的態度與實行的最佳典範，」維克全球傳導指導者麥克‧提特(Michael Teadt)說道。

ICON有限公司首次建造他們的挖土機掘鑿器，所用的材料是以未上色、自然的半英寸高的樺木板爲主。然後他們便按照原實物尺寸地將它作成，即是「木製的抽象活動雕塑」——就好像首度推出亮相一樣——其長度有8公尺(27英尺)而總高度達4公尺(13英尺)以上，同時利用4個厚重的木輪來站立。它不但直接地包含了6項全新的探索系列和T型桿的活塞幫浦，另外還裝設有11種其它的新產品，例如槳葉式幫浦、煞車與卡車汽門、以及歧管。這些重要的項目在天然木材的樸素背景襯托之下顯得十分地突出，而且實際上也是故意地要讓它們暴露於外。由於這部模型並不具有完全的實用性(如它缺乏一項動力的來源)，因此操縱裝置、聯動機和活塞的安裝位置與其之間的關係，只有在一部眞正的機器身上才能將它們展示出來。

規模及外觀是設計獲得成功的關鍵：在上方的怪手頂部距離地面只有4公尺多(13英尺)而已。

ICON有限公司的工業設計師吉姆・馬丁說道：「從設計的觀點來看，成功與否大部分取決於由客戶所設定的較少設計限制。」

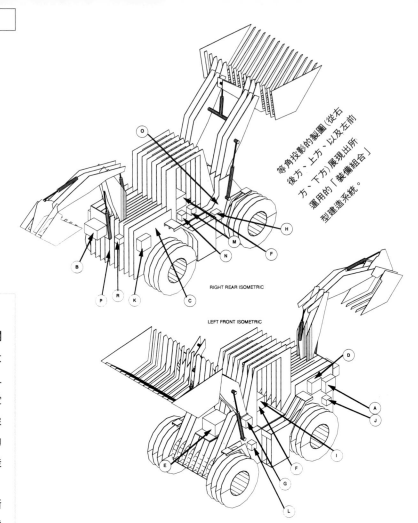

等角投影的裂圖（從右後方、上方，以及左前方、下方）展現出所運用的「裝備組合」型建造系統。

RIGHT REAR ISOMETRIC

LEFT FRONT ISOMETRIC

設計的**規模**是導致這次成功的**關鍵**。這不單是因爲它以按照實物大小的方式表現出產品的特色，而且還找出一種可立即吸引人且很可愛的展示方法。整個物體看起來就像是一樣小孩子所玩的有巨大結構的玩具，這項特點藉由構成組合的透雕細工型木板更加地被突顯出來。看見它從陳列於鄰近的攤位上逐漸地由正規且笨重的工程業用具及變速箱的拼湊中成形，彷彿就好像在一只遭人遺忘的玩具箱裡發現了失去已久的心愛玩具一樣。而此項於公司內部所舉辦的展覽亦在設計團隊的巧妙且振奮人心的詮釋下被命名爲「動力的探索」（Power of Discovery）。

許多曾造訪「動力探索」展覽會的人皆形容它是「一項所參加過最棒的工業展示會」，同時「木製的抽象活動雕塑」也在曾目睹它一眼的維克公司員工之間激發起相同的熱烈反應。藉著跳脫出陳列科技裝備的普通表現手法，並且換成製作某樣現實與幻想兼具的東西，ICON有限公司最後滿足了客戶對於展現一項新種類產品的要求，以及創造出一套有趣的設計解決法。一點也不意外的是，此設計還登上了許多雜誌的封面並贏得一項設計大獎。

單調樸素的樺木外觀，爲附件的設備提供了一種中立的背景。

客戶：美國維吉尼亞州Dulles的美國電訊公司

設計者：美國俄亥俄州漢密爾頓的鳳凰(Phoenix)展示公司

產品/服務：整套線上服務

展覽會名稱：美國拉斯維加斯全國廣播者聯展

時間：1996年4月

美國電訊是整套線上服務的最大供
應者，不但讓他們的會員擁有可進
入網際網路與遍及全世界的網站的
權利，同時也提供了電子郵件的使
用及廣泛的從財經資訊到新商店和
旅遊計畫等全心致力的服務。作爲
一項服務事業，其主要的產品就某
方面來看可說是一種無形的東西：
AOL (America Online)會員所獲得
的有一個CD-ROM和一項售後服務
的合同。至於會員對此服務的用途
則是由他們自己來界定。

客戶：美國電訊公司

展覽會名稱：全國廣播者聯展

攤位大小：366平方公尺（1200平方英尺）的兩層樓島狀攤位
總製作時間：未滿6個月

美國電訊

在爲一項重要的商業場合企劃新的展覽攤位的期間，鳳凰展示公司領悟到設計必須使用AOL的標誌來作爲一項中心主旨，並且援用此服務事業所提供的大量機會與資訊。金字塔的造型正好和主要的標誌相呼應，同時其上橫掃過的「旗幟」也具有相同的功用，而根據設計總監卡爾‧英格倫（Carl England）所指出的，它還象徵了「如漩渦般地繞著代表力量的金字塔的資訊傳達」。此旗幟意象的靈感來源是從在AOL本身網站中網頁的視覺元素而獲得的。

在與AOL標誌簽署攤位契約的統一措施之下，企劃書所需要的便是許多特定的空間與元素。首先，攤位上必須得設置一處可供公開展示的劇場區；再者，還要有一些爲個別「實地操作」研究（磁碟樣品站的櫃臺運用了衝過網站之浪的隱喻來當作一項設計的主題，並且利用以手工製成、具多種色彩的乙烯基去模擬衝浪板的外形及給人的感覺）所準備的示範表演區；第三，加上一項提供給會員使用電子郵件的服務；第四，預留一個半私人性質的會議區；以及第五，散布四處可分發免費磁碟片樣品的點（對電訊服務公司來說，供給免費的軟體與一項初期免費試用的措施是一種標準的慣用方法）。此外，在這些區域的外圍還少不了能容納科技輔助設施和電信處理系統、通風設備及普通儲藏區的空間。

由輕材質的鋁管製成的金字塔，擁有覆以薄板並與Velcro相連在一起的蜂巢式且成波狀的壁面鑲板。

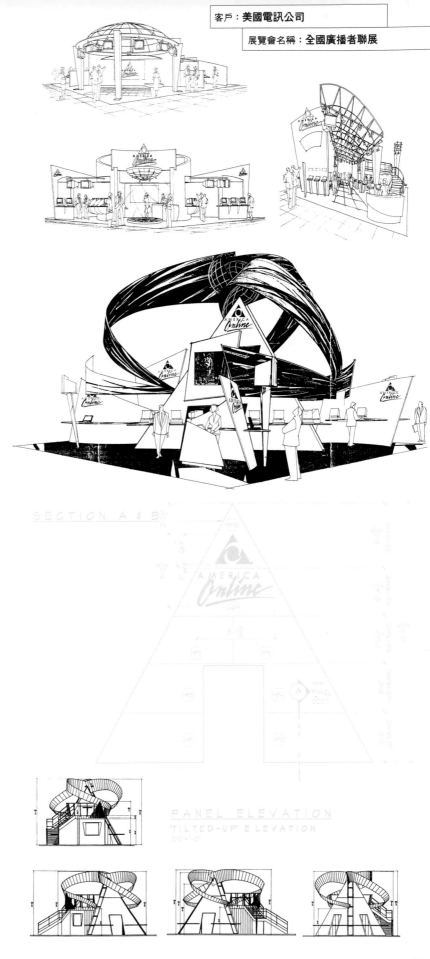

攤位的設計過程經歷了三個明確獨特的階段。初期的四項概念是以素描的形式呈現出來，而爲了最後的設計定案，便由設計者與客戶從中挑選出一些元素來。有關如漩渦般旗幟的立體幾何學，也是同樣需要藉助電腦和物理模型製作，好進行詳盡的研究。這項任務即是與負責裝配旗幟的摩斯工程公司所共同籌辦完成。最大的旗幟長度可達45英尺，並且還擁有能自我支撐的特點！

企劃案的部分內容需要一項裝置在外部的持續性照明設備並使用能達到效果的有色燈光、黑色遮光布及電視對焦圖案——他們的設計反映出人類在空間中與資訊透過網際網路和網站的活動情況。

設計過程的最後階段便是詳細的說明書及建造法。整個攤位必須在一天半內構築完成；同時它還需要充足的照明，以利運送至其它的地點去；而所有的處理機單位與硬磁碟機雖然可供技術人員使用，但仍是得在大眾面前隱藏起來。

中心的
金字塔與27項
線上服務系統。

半私人性質的
會議區

具自
我支撐功能
的旗幟

利用3-D電腦模型製作的技術，
來向客戶呈現最後的設
計結果。

設計過程的時間限制表現出由高水準的商展攤位設計所帶來的某種壓力。設計者的提議在1995年的9月中旬被採納後，最終的設計（及估價）便於1996年的1月初獲得通過。此外，對於結構性製圖、包括了細節描繪的最後修訂版，也在2月中，即是當企劃書努力求得結構工程師的認可和檢定的時候（以確保它符合攤位地點的防火及安全性的規定）。設計元素的實質製作則開始於2月的末幾天，而到了4月初的時候完整的攤位面貌便呈現在客戶的眼前：全部進行的過程正好還不滿6個月。

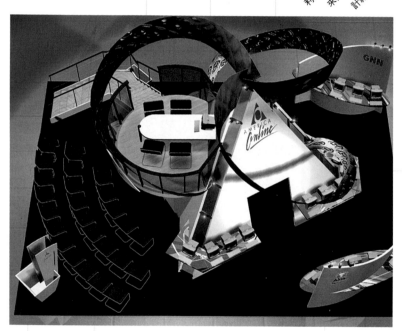

劇場區
座位

兩個成對
的衝浪板

此設計包含了一個中心金字塔、加上位於一側的展示劇場和沿著金字塔基底周圍分散成27個線上系統、可讓人使用的公眾點。盤旋其上的旗幟具有自我支撐的特性，而攤位角落的一些定點則提供了免費試用的樣品。

提供免費
試用品的角落定點。

鳳凰展示公司就是因為這次計畫的設計而榮獲了一項E3大獎。他們對於自己的作品相當引以為豪，因此他們便在展覽會場的地點搭建一座公開的店面。此攤位自從首次亮相之後，也已經被借用於5個其它重要的商展上了。

瑞吉尼

客戶：義大利米蘭的瑞吉尼‧史保 (Reggiani Spa) 照明設備公司

設計者：義大利Sanvito AL Tagliamento的東尼‧魯契利 (Toni Zuccheri)

產品/服務：照明設備

展覽會名稱：米蘭歐洲照明展

時間：1996年

瑞吉尼‧史保照明公司是一間以米蘭爲基地、歷史悠久的義大利家族企業，專精於商業及家庭用途的照明設計。他們對設計方面懷抱有強烈的興趣，在過去曾聘請多位享譽國際的設計師爲他們工作。米蘭是義大利傢俱製造業的中心、當代傢俱設計的創造力來源，而且也是一年一度的4月汽車展與國際間行事曆中的主要舉辦地點。每兩年舉行的歐洲照明展同樣地亦是一項有關現代照明設計的重要活動，其地位僅次於每年登場的漢諾威 (Hanover) 展覽會。

瑞吉尼‧史保照明設備公司

東尼‧魯契利認
為：「人與水、天空
及光線休契
相關。」

一項以照明為主題的展覽會具有某些技術上的問題。其一就是用電供應方面的管理，另一項則是燈光設備的展示，不過雖然設備的外觀需要注重，但它的重要性也只佔了一半。真正的重點是在於它所能發揮的效用有多少：某個設備創造出來的照明氣氛才是成功的關鍵，而非它的外表。如此隨之萌生的一項附屬的難題便是有關由那些需要陳列的許多燈具和配備所產生的熱氣的處理方法。既然知道在4月的米蘭天氣有多溫暖，這才是最令人頭痛的地方。就他們在1996年的新型產品來說，瑞吉尼‧史保照明公司展出了3種全新系列的燈具──蛻變、洞及開朗的光線──其中兩款適合在戶外或室內使用。而建築師東尼‧魯契利便是受雇來建造一個**可供展示**這些作品的環境。

通常一個攤位的基本隱喻是具有相對性的：就好像是參觀者在一邊，而產品在另一邊一樣。魯契尼想要向此觀念提出挑戰，建議以一種在人類（象徵著思想與動力）及屬於自然元素的水、空氣和光線之間的對話來取代。正因如此，他創造了一連串、安裝於一座1.10公尺（3.5英尺）高的長方形水槽的小池子，以貫通參觀者所經過且位於燈具陳列的上方而在一片漆黑的天花板之下的地方。此處就如同是一個在狹長、非立體的空間（由於沿著一邊的牆壁是傾斜之故）中的感官洞窟──充滿光線的反射及從水面與天花板反彈回來的色彩。一陣陣輕柔吹來的氣流在水面上不斷地激起了漣漪，相對的也產生一種涼爽的效果。

這個經特殊改造後的空間，和許多在歐洲照明展中別處過度明亮──及太熱──的攤位形成完全的對比。它其實是，套用魯契利的話來說：「一項精心設計且隨時改進的構想，為的是去強調人類與水、天空及光線有關的原始需求。」它是一個**關於光線**、而非燈光設備的抽象空間，而其所暗示的產品獨特的關聯性亦不外乎是人類本身。此優雅、卻又輕描淡寫的展示手法，正是攤位的主要力量，並且使它成為一項令人難忘的經驗。

攤位上有關「天空」
主題的全景瀏覽。

對話的隱藏性主題也因爲攤位的主要附屬區域而更加增強突顯，也就是在瑞吉尼‧史保照明公司推出兩種相關的資訊產品，即一個介紹他們照明目錄的CD-ROM版本、以及准許使用者指示資訊下載和讓網際網路連線到公司及其分支的瑞吉尼全球網站的地方。

利用一項隱喻，來創造出某個情境。

在攤位上的燈光效果

不若在敘述性的表現手法廣泛地從商業及市場中被削減的美國與英國的一些商店設計，在義大利的設計師卻是相當樂於引用**哲學、語意學、神話和心理學**，使設計的過程能有效地進行。這兩種方法如果過度運用，便可能會造成平凡陳腐的風格及甚至是完全的喜劇，同時任何行事嚴謹的設計者都知道，一項成功的設計需要包含有文化與商業的元素、知識和智慧兼備的條件才行。而魯契利爲瑞吉尼所作的設計正好也表露出如何利用隱喻性的手法，以一種直接、無關連且無對立的方式來展示一項現代科技產品的特色。

客戶：美國威斯康辛州黃金書籍家庭娛樂公司

設計者：美國威斯康辛州密耳瓦基的德斯(Derse)展覽公司

產品/服務：兒童書籍的出版

展覽會名稱：美國紐約玩具展

時間：1995年

黃金書籍家庭娛樂公司是從6家代理店中選出有別於其它且富創造性觀點的德斯展覽公司，來爲他們的兒童書籍設計一個全新的攤位。然而贏得這項委託工作才只是開端。德斯展覽公司的副總裁肯特·瓊斯(Kent Jones)解釋道，他們還被派遣前去公司上一堂速成課程。「他們載著我們逛遍了整個鄉村，帶我們去不同的書店，作了一些研究並教育我們有關他們是誰及希望成爲什麼人的事。那眞是蠻不錯的。」

客戶：黃金書籍家庭娛樂公司

展覽會名稱：紐約玩具展

攤位大小：107平方公尺（3500平方英尺）
　　　　　的獨立攤位

總製作時間：6個月

黃金書籍

從攤位的設計圖可看出有展示區、休息室與會議室。

此攤位的地點是沿著一座大約長24.40公尺（80英尺）的牆而設置的，透過位在一端的接待室大門可直接出入攤位，然後通往一邊的展示區和在另一邊的一間間會議及會客室。接待室中備有由德斯展覽公司策畫並製作的簡短影片，藉著兒童閱讀影像的運用來帶出公司的介紹及其給人的印象。「**黃金書籍家庭娛樂公司擁有一種強烈的產品集中點與一項明確的以家庭爲導向的市場訊息。**」，肯特‧瓊斯如是地說明道，「而我們想要創造出一種能讓你沉浸於黃金書籍的體驗中的環境氣氛。主要的目的則是使人們感受到黃金書籍的意義是有關家庭價值的。」

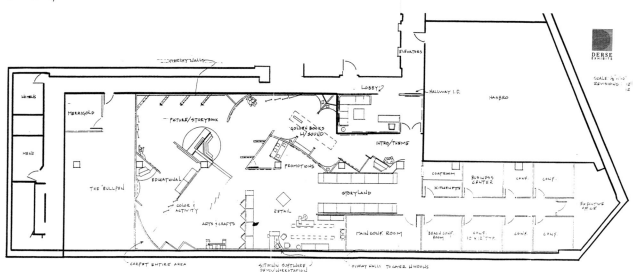

初期的草圖明白地展現了這項目標是如何透過將攤位劃分成色彩強烈搶眼的區域並設有高度定向的照明裝置而能夠達到的過程。除了飾有暗色的地毯和天花板之外，設計的構想還包括了藉由一項主色，爲每個區域營造一種特定的情境：例如故事書需要大聲地唸出來，而手工藝與活動類書籍則以標題作搭配。借助積極實在性的照明運用，色彩同樣地也能讓書籍躍然於牆上，突顯出個別的特色。

通往攤位的入口

「我們希望讓大衆感受到黃金書籍是與閱讀、學習及家庭有關。」

在最後的製作階段中，低矮的天花板被用來安裝能創造出將光源集中於牆上而增強色彩戲劇性的照明效果的有履帶聚光燈。這些顏色與最初的草圖比較起來更加鮮明生動，顯示出原先構想的精華在最後設計製作中所獲得的進一步發展狀況。

「創造出一個能讓參觀者融入黃金書籍體驗之中的情境。」

利用色採來劃分攤位上不同的區域。

另一項作為發揮的特色即是一系列關於小孩、父母、朋友及祖父母的白色且與實物一般大小的雕像。其中，單一人像或是整組皆被用來標明分隔每一個區域，而非僅僅只是把他們放置在地板上，此外還有一些，例如一個趴臥著閱讀的小男孩則被固定於牆上。這些造就了一個抽象與人類(使用的人像是一種對於喬治·西格在1960年代所創作的雕塑品的緬懷追思)共存的次元，並且傳達閱讀為一種自然和有益的家庭活動的此項市場訊息。

向客戶展示之用於攤位室內具像化設計圖。

用來突顯產品擺放區的聚光燈照明設備。

就雕像、色彩及燈光的密集度來看，展覽會場的空間相對地較小且不足，所以須謹記於心的是，玩具展應是一項專業性質的展示會，而且只有經過預先約定的人才能進入攤位。正因如此，來到攤位的參觀者便擁有足夠的時間與空間去端詳欣賞其中的內容。

雕像和電視裝置共同被放進「大聲朗讀」的區域。

繪年輕讀者的書籍：地板是以薄片狀的書本封面鋪製而成，閱讀孩童的雕像則是被固定於末端的牆上。

黃金書籍家庭娛樂公司期望藉由此次玩具展的舉辦來提昇他們在市場銷售的地位，同時又不會失去主顧客對他們的支持。為設計團隊所進行的訓練課程——於真正開始設計之前，由公司所作的調查與解說——在一場非常成功的展覽會中獲得了回報並替德斯公司贏得一個設計的獎項。

product|heaven

客戶：英國倫敦GT 互動公司	
設計者：英國倫敦魯特聯合公司	
產品/服務：電腦遊戲	
展覽會名稱：英國倫敦奧林匹亞電腦展	
時間：1995年3月	

對於一個博覽會的展出者而言，主要的挑戰之一便是如何爲專業的參觀者創造出私人的空間及有效率的時間。雖然通道上人潮熙熙攘攘地來回有助於增進某個展示會的活力與熱鬧氣氛，但它也可能會讓在攤位上所舉行的會議和陳列活動產生混亂且人心渙散的情況。有鑑於此，一個在電腦遊戲領域方面的專門玩家—即GT互動公司—覺得他們應該在倫敦的一個專業商展中爲他們的參觀者帶來一項特別的經驗。而他們便與以倫敦爲大本營的設計機構，也就是魯特聯合公司交涉，好尋求一項解決之道。

客戶：GT 互動公司

展覽會名稱：電腦商展

攤位大小：展示會場房間內的包
圖式攤位

總製作時間：2個月

GT 互動公司

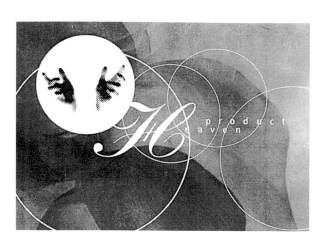

由於攤位的預算十分地有限，所以
設計者打算在奧林匹亞GT用來會見
客戶的現有辦公室房間內建造一處
新的區域，同時也是為了設計主題
的考量，即是關於「**來自天堂的產
品**」的這項構想—在外面的通道是
地獄，但在此處便是天堂！

天堂的概念需要視覺上的表現手法
來加以輔助，因此設計者就得藉由
製圖的方式，對這概念進行一番的
腦力激盪。**天使與有翼天使**、光環
及有色玻璃、毛茸茸的白雲和伸展
開的翅膀、以及上帝之眼：所有的
這些皆經過概略的描繪，為必須在
2個月之內完成且裝置安當的設計
提供了一項起點。

發展一項以天使
之翼和救助的雙手的構想
為基礎的標誌。

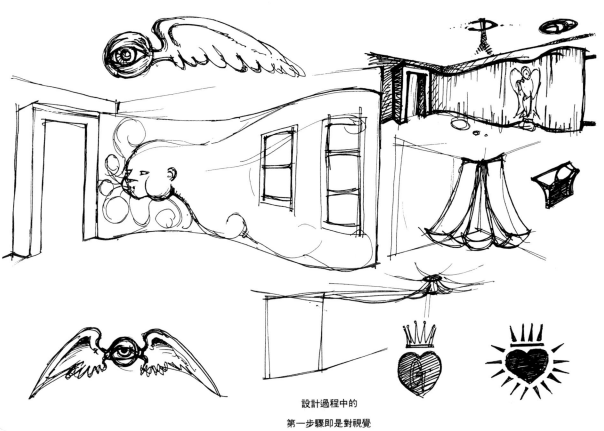

設計過程中的
第一步驟即是對視覺
上的構想進行激發靈
感的腦力激盪
工作。

保留下來的關鍵性元素為有色玻
璃、光環及有翼天使。有色玻璃被
用來置於從入口到攤位區的地方，
以構成背景，而一座金色的有翼天
使雕像則安排在邊界線的附近，監
督著由門口至產品展示區的空間。

一個笑臉迎人的有翼天使

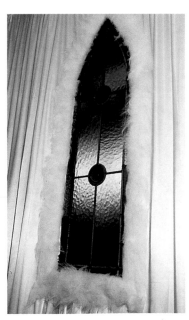

以及作爲背景的有色玻璃窗。

在主要的區域中，遊戲用的控制操作臺和監視器被安裝於白色的几臺上，而其上方還設有氖燈光環。整個內部的周圍都以柔和的白色棉布摺綴地覆蓋住，為的是仿造出一個充滿著雲朵感覺的室內環境。此外，在攤位的中心處另裝置有一個旋轉式且具許多小平面的銀球，而其外圍則是飾以鏤空、可活動式的標題「來自天堂的產品」（Product Heaven）。

「來自天堂的產品」的室內環境與光環在此一覽無遺。

位於中央、帶有名字與標誌的光球。

這項設計並沒有打算想要去作一種什麼偉大的聲明：它只是故意地觸及到一些而已。譬如留意一下設計圖，正好暗示了「投大眾所好的紀念物」是一項主旨。雖然如此，它還是提供了一處可讓產品展示、同時由於它的原創性，即使在更多的精巧攤位都已遭遺忘許久之後而仍將深烙於參觀者心中的整潔有秩序且非比尋常的空間。

至於魯特聯合公司，則透過了純熟的繪圖技巧、一項對於客戶需求的清楚認知和與建造者，即重鉛筆（Heavy Pencil）公司的密切合作，而能成功地完成這項非凡且節約經濟的設計。就它迅速發展的構想及簡單的製作來看，「來自天堂的產品」的確是一個在企劃書的要求範圍內仍能發揮設計創意的絕佳例子。

讓人從
展覽會場離去而來到
一個產品的天堂便是此
設計的主要訴求
重點。

Presenting the Cli

呈現客戶的信念

重要的國家與國際級商展不但規模龐大,而且吸引了愈來愈多的參觀者、有為數更多的展覽者參加、以及愈漸增多的攤位和預算。因此,設計者當前所面臨的主要挑戰之一不再是僅止於去支持客戶的視界及觀點,而是將攤位變成一項強制性的企業聲明。同時,此設計層面也必須能與攤位的專業要求事項——即參觀者的人數、所要陳列的產品數量、任何特別展示會的本質或劇場的展覽活動、公共區及私人會議空間之間的界線等等——配合得天衣無縫才行。

設計企劃經常會超過單單只把攤位設計成具提供輔助裝備功用的構想——影帶及傳單、報紙刊物和產品的陳列。許多的攤位都會利用現代展示科技,像是畫面有推薦者與甚至是演員的寬螢幕電視機。

而就此部分的攤位來看,它們所結合運用的非但是設計團隊的富於創意的技巧,還包括有組織化和審慎計畫的才能、其它在為展覽活動撰寫腳本方面的設計技術、以及製作並執導的影帶題材。這種種需要的是與客戶間的密切合作、一項對於客戶的要求而具有的高度理解力和由場地所提供的機會。

例如微軟公司的攤位,便擁有7或8項於任何時間都能同時進行的展示活動及許多的遊戲控制操作臺。單是在此攤位所會面臨到的電量供應與電腦維修的問題就和一棟小型辦公大樓的需求一樣。英特爾的攤位則是必須經過一番設計,如此它才能夠在兩年的展示期間內易於拆除裝備並再重新建造組合上數十次,而伴隨著其攤位一起展覽的還有一套複雜精巧的多媒體設備。就Mercedes-賓士來說,除了攤位本身所具有的動態感之外,對於外面的空間亦保持著一種發展及支援的持續性連結關係。在易利信與維京Interactive方面,其特色為加入了訓練有素的演員和推薦者的團隊。這些有關展覽會設計、經驗純熟的範例需要的不只是設計的能力,還得有設計的管理技巧及工作夥伴的協力合作才行。

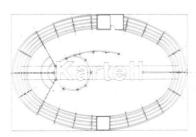

卡特爾公司

客戶：義大利米蘭卡特爾 S. P. A

設計者：派崔-弗洛裴・拉維安尼

產品/服務：傢俱設計

展覽會名稱：義大利米蘭活動雕塑展

時間：1993-1996年

米蘭的Salone del Mobile在當代的傢俱展行事曆中是首要的項目，而於主要的現代傢俱廳的一樓佔有一個固定位置的卡特爾公司，在此領域裡亦是扮演著第一把交椅的角色。他們每年在攤位設計上所投下的資金便是一項全心致力於市場銷售的最好證明。

客戶:	**卡特爾 S.p.A**
展覽會名稱:	**義大利米蘭活動雕塑展**
攤位大小:	**單層島狀攤位**
總製作時間:	**不斷地重新設計**

卡特爾公司

對於投身在一個如此競爭的領域中工作的設計者而言,幾乎每一種可用來展示傢俱的方法都差不多嘗試過了。但就卡特爾公司的情況來看,設計的獨特風格卻是其重要的一環。他們是展覽會上湧入最多參觀者的攤位之一,由於是可自由進出的開放式,所以便捷的通路就成爲一項必要之物。同時,主要的參觀者——國際上的買家、新聞記者與設計師——也必須區分開來、進行會面且受到禮遇。而傢俱則需要清楚可見。

1993年的攤位

1993年建築師派崔-弗洛裴·拉維安尼背負起爲過去以來一直在展覽中最令人振奮的攤位其中之一進行設計建造的責任。與此同時的是，卡特爾在克勞帝歐·路提(Claudio Luti)繼承新所有權的情形之下，也正好推出了一系列新款、利用塑膠製成的傢俱，當中包括有由法國設計師菲力普·史塔克所監督製作的極爲成功的款式。拉維安尼本人的看法是：「就我的觀點而言，重要的並非只是專注在最終設計的製作上，而是去遵循企劃案所研究出來的路線——進而考量設計的流行趨勢、色彩的選擇、素材的運用及成品，並且對作爲人們於愛好上改變的原動力的文化層面保持警覺。就卡特爾來說，製品是複合式的。它所瞄準的是各式各樣的市場，同時也能適合且滿足不同種類的選擇。」

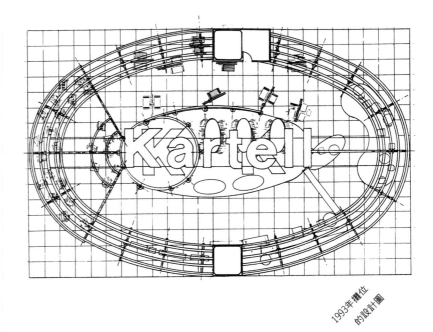

1993年攤位的設計圖

對卡特爾來說，產品的製造是使用多種語言的：它必須在不同的市場與流行時尚中發揮效用。

從1993年至今天，拉維安尼爲卡特爾的攤位所作的連續設計可視爲是一面反映出卡特爾產品類型及設計愛好的演變發展的鏡子。每一年在展示會上，都能親眼目睹到一項不同、但卻擁有**微妙相關性**的設計隱喻。此種知性、極度視覺和幾近於抒情詩調的設計方法，對一個設計價值觀原是根植於企業文化、同時在最後結果上具關鍵性地位的公司一即是卡特爾來說，是再適合也不過了。

1993年時所使用的輔助系統細部圖。

在1993年拉維安尼創造了一個有如旋轉式迴旋磁力加速器的攤位，使它呈現出一種視覺上的持續性流動感。另外，它還以鮮明搶眼的橘、藍兩色及不對稱的形式作爲主要特色，在中心處營造出一個能吸引參觀者到此一覽的充滿活動力的漩渦狀區域。

1994年的攤位則是一項截然不同的對比。全新的傢俱被放置於寒色調的明淨柱狀物內，由下方以冷白色的燈光給予照明。這種極為正式和規律化的設計手法也與一種對於會因1990年代初期所發生的危機難關而受到憾動的市場環境能回歸秩序的希望相呼應。即便如此，經過更深一層的了解後可發現的是，這些柱狀物的安排不但展露出一種凜冽而強烈的美感，同時偶爾地瞥視到裡頭的鮮 色彩，也令卡特爾的攤位成為一個強力的目光焦點。

下圖為1994年的攤位：在下方的照明運用為攤位創造出一種特殊的氣氛。

1995年的攤位

對於1995年的展覽會而言，還有另一項在手邊、現成的隱喻：卡特爾才剛剛發行
了一本有關他們作品的主要新目錄，這是在新上任的所有者的帶領下花費3年的時
間集合起創新和發展結果而完成的。再加上它在設計中清楚可見的印刷字體及精
巧的細部裝飾，造就了一個往前更邁一步的攤位計畫。例如當中就使用無蓋式、
紅色金屬鑲邊並以細長的支柱直立於地板之上的箱狀物來陳列新的產品。就好像
打開一本書一樣，透過立體的形式將當時設計的椅子、桌子和附件在一處半虛幻
的空間中展示出來；不過不像書中一頁頁的紙，參觀者在此可往另一邊、四處周
圍及向後觀看，以一種表面卻又全然是立體的方式欣賞作品。

拉維安尼爲卡特爾建造的作品將一項視公司的設計策略爲一種每日生活中社會與設計結構的延伸、一個設計項目，例如一個攤位和陳列室或是實物宣傳用的目錄、以及致力奉獻的轉化展現的設計觀點壓縮融入在其中。作爲一個前衛派(avant-garde)的傢俱公司，卡特爾的成功其實是取決於顧客對這整個公司、它的產品、出版物和是否完全符合現代設計標準趨勢的全然認知。

「利用商品目錄當作是一項並行的來源，以強化卡特爾的形象。」

微軟公司

Microsoft®

客戶：英國波克夏Woking的微軟有限公司

設計者：英國倫敦內視野(Innervision)室內與展覽有限公司

產品/服務：電腦軟體

展覽會名稱：
倫敦96年現場展示會

時間：1996年9月

96年現場展示會是在倫敦的奧林匹亞展覽會館，向一群廣大、通常是年輕的消費民眾展出電腦遊戲、軟體及硬體設備達一個星期以上。此展示會的目的即是將產品的經驗直接地呈現於潛在的顧客群面前。在這場展覽會中擁有規模最大的攤位之一的微軟公司，把此地的市場劃分成4個主要的族群：首先是那些對辦公室產品有興趣的人，尤其是針對他們所新推出的Office97；第二種便是那些喜愛能在自家中使用的人；再來是對網際網路(以及微軟的網際網路探險家軟體和微軟網路)感興趣的人；而最後一種則為那些愛好電腦遊戲的人。至於微軟想要傳達給每個人的全盤性訊息，就是他們提供了完整的商業與家用的計算解決之道。

客戶：微軟有限公司

展覽會名稱：倫敦96年現場展示會

攤位大小：850平方公尺（2790平方英尺）的兩層島狀攤位

總製作時間：不斷改進發展的計畫

微軟公司

攤位上所運用的呈曲線狀造型之概況。

內視野是一家以倫敦爲根據地、專門從事展覽設計與建造方面的公司。過去3年來他們已經爲微軟公司在英國及歐洲設計了許多場的大型活動和展示會。「微軟是一絲不苟的顧客」，他們解釋道，「但是對於一個容易將焦點集中在一項活動上的長形攤位的安排手法來說還是具有某些優點的。」那些在企劃書上被區分成4個種類的參觀者，每一個都需要不同的對待方式。就電腦遊戲玩家而言，親自操作的體驗是不可或缺的基本要求。至於家用型的種類，示範教學與一些測試性能的實習項目則是必要的。而在網路族及商業顧客方面，一項正式的說明是最適當的標準典範。此外，攤位本身也被規劃成爲6個分散的區域：其中三個展示區擁有2名解說員、大型的螢幕和分別飾以「利用Office 97在工作上收獲更多」（Achieving More at work with Office 97）、「在家好玩又易學」（Fun and Learning at Home）、「將網路帶進你家」（Bring the Internet into your home）的標題的劇場式座位擺設；兩個「性能測試」區（即「娛樂區」"The Entertainment Zone"及「在家好玩又易學」）提供了一項於監視器上介紹與試驗的混合服務；而最後一個「視窗熱潮」（Hot for Windows）的遊戲區則備有15部個別的監視器和操縱桿。

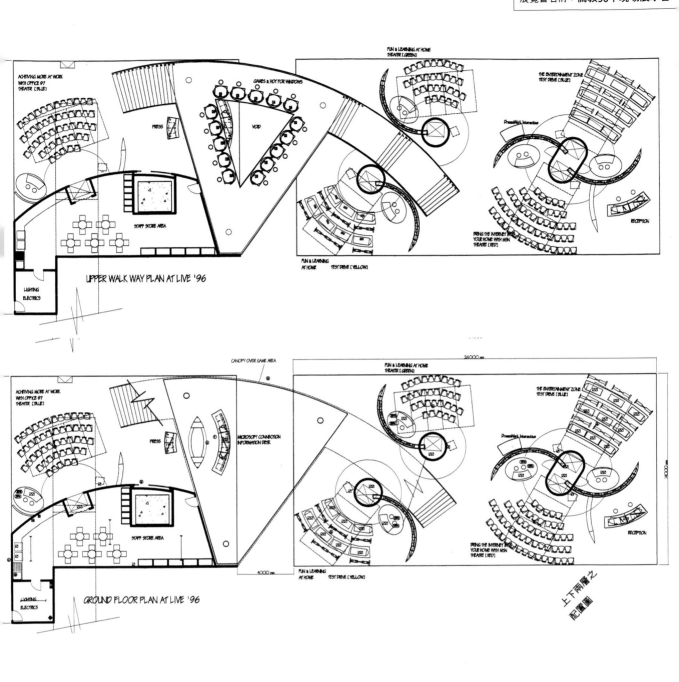

UPPER WALK WAY PLAN AT LIVE '96

GROUND FLOOR PLAN AT LIVE '96

上下兩層之
配置圖

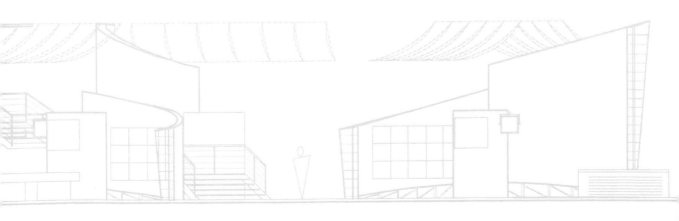

上層的 "遊樂區"
在兩邊構成一座橋

顯示其產

品的經驗

"遊樂區"位於一樓隆起的區域上，可從平地處經過長坡道抵達。每一區均以顏色代表，以資辨識。諸事呈現一種互動性的現象，而顯現出一種特徵，即演藝工作者例如"瘋狂教授"均如同正式演員優異。攤位橫過一走道，其上為一部份之上層區。另有工作人員，燈光，及電氣控制的隔離區。攤位的設計亦增加記者會桌與服務桌：服務桌可供在走道上來回攤位兩邊。

主要的設計主題是以替個別區域所選擇的鮮明色彩為基礎，再加上用來置於大型展示螢幕和彎曲的坡道面之上的呈曲線形的隔板、以及遊戲區上方的罩蓬式設計。這些弧線形狀的構造物賦與了攤位一種巨大、色彩明亮及有如即將咆哮甦醒、精力極度充沛的渦輪的面貌。

此外，攤位本身也必須應付容納得下湧入的大量參觀人潮──那些使用遊戲區的人有時間的限制，而其他懷抱著希望的只得沿手扶梯排隊下去等候，直至輪到自己為止。

前往遊戲區的通道──注意一下照明所營造的效果與那些特別安裝的設備。

具高度獨特風格手法的運用在許多攤位上的細部設計上都展露無遺。一些像是桌椅之類的物品，不但是經過**特別設計**，而且只供微軟自己專用；甚至某些項目，如服務臺對微軟本身來說也具有相當個性化及獨樹一格的特色。這確保了視覺與設計上的連貫性，同時避免和競爭者的攤位設計有重疊的情況產生。譬如下圖頗具新潮感造型的椅子，即突顯出微軟對於自身作為一家使未來充滿可能的公司的前瞻性期許。

攤位上的桌椅全都是為微軟公司所特別設計的。

Mercedes-Benz
賓士

客戶：德國Stuttgart的Mercedes-賓士AG

設計者：德國Ostfildem的考夫曼‧賽立格合夥公司 (Kauffmann Theilig & Partner)

產品/服務：汽車

展覽會名稱：法國巴黎汽車大展

時間：1996年

德國汽車的製造者Mercedes-賓士和考夫曼‧賽立格合夥公司在他們的攤位建造與大型活動設計方面已有合作多年的經驗。其中一項他們所製作的主要展示活動爲矗立於1995年法蘭克福汽車大展中、擁有12000平方公尺（39000平方英尺）面積且位在一個輕材質製的懸掛式屋頂之下的攤位。而就1996年的巴黎車展來說，雖然規模比以往要小，但一項同樣令人振奮的設計企劃從中仍可見一般。

客戶：Mercedes-賓士公司

展覽會名稱：巴黎汽車大展

攤位大小：1100平方公尺（3600平方英尺）的兩層島狀攤位

總製作時間：5個月

Mercedes-賓士

建築師與客戶共同爲巴黎車展的任務所作的最初商討分析，即是關於攤位本身應具有的許多功能：如記者招待會、宣傳日期、貴賓晚宴、商業上的會面、以及一般大眾的參觀日。就這點上看來，比起單單一個攤位，十個或許才足夠。在以較寬廣的角度衡量過Mercedes的基本市場銷售計畫後，他們了解到利用靜態的方式來展示出某個全是和動作（move-ment）有關的產品確實是極爲諷刺的事。因此倘若你無法移動車子，那麼試試讓攤位動起來也無妨。

運動是所有事物的眞實狀態。

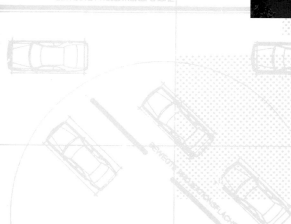

牆壁是可自由活動式或折疊成另一個新的形狀。

攤位的室內環境與活動式牆壁的概略景象。

攤位上的變化隨時不斷地在發生。

此種設計的手法並非只表示說攤位可任意重新塑造安排，就好像舞臺的布置一樣，而是應該透過隱藏起或是顯露出一種新的設計模式，而讓自己處於動態的使用情況中，例如牆壁可以利用折疊的方式來露出一塊被遮蓋住的區域、抑或是稍微變化一下將一群的參觀者圍在一個新的空間之中。至於車輛，則是被陳列在直徑15公尺（49英尺）的可迴轉式攤位上，如此它們便能夠在展覽會期間隨意地轉彎及移動、或是載著參觀者駛向攤位中的任一個新區域。

一項有關存在著空間和氣氛的展開式攤位的概念，支持並發展出向大眾傳播的基本主題：即活動是萬物的狀態。例如，外觀的設計運用了一系列由一格格50公分（50公分（1.6英尺（1.6英尺）的樺木框架所構成的許多面可移動式的牆。框架中的格子還按照一種傳統的日本牆飾的方法貼滿了紙張，相對地這也可以用來作為一個投射的螢幕。高度達5公尺（16.5英尺）的主要牆面則沿著攤位的邊緣一路排列下去（它們被安置於此，可包圍住整個攤位，以創造出一個與外隔絕的私人區域），而在它裡面的空間，即攤位內部，亦分成了隔離或是開放式的一個個定點。

處於「關閉」狀態的貴賓休息室。

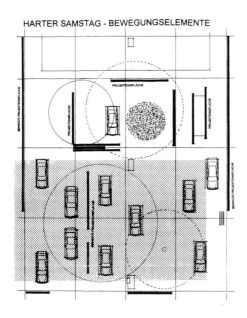

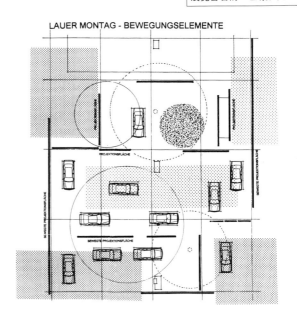

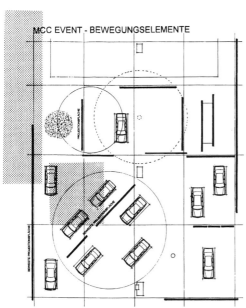

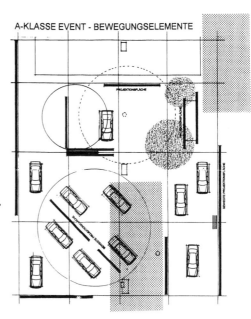

地面的設計
圖呈現出攤位
能夠透過活動性元
素的使用而獲得重新排列
配置的多項方法。

被摺疊包起
時的傘狀天
花板。

在創造出一個以牆及地面為強烈特色的動態空間方面而言，其所產生的影響就是
一般留作水電配送管道的天花板部分也必須被包含進這項概念之中。所以在此便
設置有高8公尺(26英尺)、於攤位四處飄揚展開而使某些特定區域更形突出的織品
製的傘狀物。

Mercedes-賓士的陳列室

作為整體性概念的一部分，此攤位的另一版本也建造於Mercedes-賓士公司位在巴黎香榭麗舍大道的陳列室中，並且利用一項常設的電視媒介和展覽會上的攤位相互連線——來到這間陳列室的參觀者就等同是參加了攤位的活動，而反之亦然。

巴黎的Mercedes-賓士攤位同時展現了在概念上的極度獨創性及實行製作方面的高明工藝技巧兩項特色。它是一個抱負不凡且十分成功的設計，亦受到曾參與此活動的廣大參觀者與其他從事展覽相關領域工作的專家一致的喜愛和讚賞。

擁有可連線到展覽會的電視設備的香榭麗舍大道陳列室。

座落於一間鄰近會場的汽車體育展覽會使用了相同的設計主題。

英特爾公司

客戶：美國加州聖大克萊羅的英特爾公司

設計者：美國俄亥俄州辛辛那提的洛斯-瓦特(Rouse-Wyatt)公司
及美國紐澤西州普林斯頓的丹百(Denby)公司

產品/服務：電腦、網路和電訊產品

展覽會名稱：
美國巡迴展

時間：1996-1998(仍進行中)

一度被稱之爲世上最大的巡迴展在
1996年2月6日的加州洛杉磯揭開了
序幕——而它所慶祝的是史密生博
物館創建150週年。此展覽會另外
還被安排到美國國內的其它11個城
市展出，直至1998年的1月底爲
止。

這項名爲「美國的史密生」巡迴展
包含有超過300種的奇珍異寶和像
是以艾德華・荷柏(Edward Hop-
per)與瑪莉・科塞特(Mary
Cassatt)的畫作爲號召物等特色、
以及歷史上記載的文件檔案、自然
遺跡和科技發明。

英特爾公司

電腦晶片公司—英特爾，是此次展覽會中主要的贊助者之一。它的支援不但是金錢方面，更是具有實用價值：它提供了電腦功能設備來幫助製作此重要展覽會的地面設計圖，並且建立起一同慶祝及紀念「美國的史密生」展覽會的全世界網站。另外，英特爾還發起了一項稱為「未來發明」比賽的兒童競賽活動(以鼓勵學生發揮科學與數學的應用技巧)，同時於展覽會集合地點的附近為父母親、在校的老師和學生舉辦電腦研習的課程講座。

在此情況下，英特爾的贊助者身份即是因為自己的攤位隨著主要的展覽同臺登場而備受矚目。

一個巨大的桌上型電腦、包括了裝咖啡用的馬克杯，爲主要的外在主題。

透過一種聯合性的展覽，來表現出支持某項重要的文化活動的贊助者角色是首要的目標。

英特爾展覽會的目的其實是爲了向參觀者展示電腦的功能與微處理器在現代電腦上所扮演的角色：英特爾是以電腦晶片的製造爲其生意中的一個主要的部分。「我們的展覽活動能讓參觀者用一種全新的角度去認識並**了解電腦**」，英特爾的總裁兼CEO葛魯夫博士(Dr. Andrew S.Grove)如是地陳述。「個人電腦自從最早被當作計算的裝置以來已經走了很長的一段路。它現正逐漸轉變成一項我們用來與家人、朋友及世界各地的同好溝通的工具——利用文字、畫面和聲音。

這項目的便是藉由建造一部超大式且可讓人進入的電腦模型、再加上一面14英尺高的螢幕、巨大的鍵盤和母板而獲得實現。只要參觀者走進、越過及四處看一看這些元素，交談式多媒體就會被用來傳遞額外的資訊，比方透過作為主持者角色的「微處理器，即晶片」，以敘述有關從前、現在和未來資訊時代的故事。

「列名微處理器的晶片」主要擔任的是螢幕上評論講解的工作。

位於展覽會場中央的是一個以環境劇場形式為特色並舉辦一個名為「超乎你的想像」的展示活動的可進入式硬碟機。而在展覽會的周圍場地，參觀者也能獲得親自體驗全新電腦科技的機會——即使用電視電話機、一探網路之奧祕及測試新軟體應用的功能。

對於一個位在多元化地點的展覽會來說，關鍵性的問題便是後勤的運用。

會場上的大型個人電腦、試用的地點和攤位的結構是由位在美國紐澤西州的丹百公司所設計的。而劇場式的展示區及舞臺則是英特爾委託來自俄亥俄州的洛斯‧瓦特公司建造完成。他們利用英特爾的電視當作模型來替Pentium與其它微晶片的產品打廣告，其特色是一項穿過一臺電腦的內部而朝微處理器方向前進的「飛行」，並且帶有英特爾的主要標語"Intel Inside"。不過除此之外，由設計者及英特爾所訂定的宣傳路線卻是刻意地模糊。像是英特爾的名字在任何播音的展示活動中便未曾被提及，或是也從未出現於劇場的螢幕上。

此參觀行程是以一個可親身體驗網路之旅的實地操作區作為終點。

親自操作的
機會增加了所要傳達的
訊息給人的印象。

利用一項間接的方
法來展示產品，能強化其
市場的必然性
(inevitability)。

此處所運用的間接方法在從克勞斯
威茲 (Clausewitz) 到林德爾‧哈特
(Liddell Hart) 的軍事歷史上，曾擁
有過十分輝煌的前例可循。在這裡
不妨形容它是一項必然性的策略，
而其正意謂著英特爾並不需要去大
聲疾呼說自己的設備是最優秀的：
畢竟它在過去十年來一直是落後於
在微晶片方面的主要發展。所以它
的這項策略可說是一項特意輕描淡
寫的表現手法。

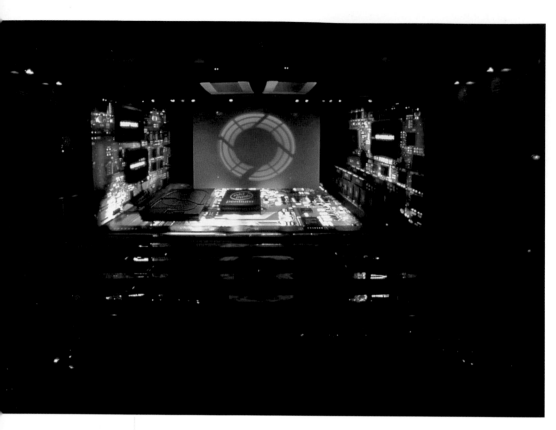

多媒體劇場的內部情況。

這項手法甚至也可以透過將對展覽的慶祝置於主要的展示會之後、同時又能利用外緣拓展的活動，像是「電腦爸爸」(PC Dads)和爲在學兒童舉行的「未來發明」競賽而呈現出來。自評估設計成功與否的觀點來看，此表面上不拘形式的方法還得與按照一種具精巧複雜的後備概念所設計出的一個可在2年內分解和重新架設上22次並於每個城市的4星期左右的展覽期間中仍能獲得有效率的維護保養的攤位作一番比較後才能知曉。英特爾爲史密生展示會所進行的造勢活動是一個表現出成熟的市場銷售手腕及在設計完成上具有發展性長處的重要例子。

客戶：瑞典斯德哥爾摩的易利信行動通訊設備公司

設計者：英國倫敦想像力公司

產品/服務：電信設備

展覽會名稱：德國漢諾威CeBIT展

時間：1996及1997年

易利信並非只是專賣行動電話的公司；更重要的是他們以一種從事聲音傳送工作的身份自居。這當中的差異可說是精細微妙。它比銷售商品與提供服務之間的不同處還要多。它是一項有關現今正逐漸被稱爲「品牌經驗」一詞——即透過一種商業上的往來關係、廣告宣傳及公司本身的企業形象，由公司向客戶提出關於整體的產品包裝、服務、形象和管理的報告——的聲明。

客戶：**易利信行動通訊設備公司**	
展覽會名稱：**漢諾威CeBIT展**	
攤位大小：**兩排島狀攤位**	
總製作時間：**5個月**	

易利信

易利信所求助的對象是倫敦的設計團隊，即想像力公司，來為他們位於主要的歐洲IT、電腦及電信裝置商展，也就是CeBIT中的攤位作設計。他們推出了300種家庭式的行動電話系列，以及有關「生活」的這項概念。因此，想像力公司便採取了「生活即是享受人生」的觀點，著手設計一個包括有由特技表演者在一座位於發表區上的骨架為三項新產品進行一連串8分鐘的演出的攤位。而在表演節目旁邊的是一處不斷地播放由想像力公司所監製的3卷有關生活方式的影片的觀賞區，以表現出易利信行動電話能在每天不同的情況中廣泛地被使用的性能。此外，**特技表演者演出的控制力、適應性及溝通**，也正是易利信的產品所要具體展現於大眾面前的相同特質。

96年在CeBIT中的攤位概況。

「生活即代表
著享受人生。」

特技表演者在
96年的CeBIT中所作的
一場演出。

96年CeBIT的攤位上所
陳列的主要產品。

在設計方法背後的一項思考即是試圖將客戶的認知從扮演一種企業跨國際的通訊供應者的角色轉換成一個以顧客爲導向的行動通訊品牌的名稱。

攤位代表著一項藉由運用統合性媒體策略的混合物，譬如以預先推出的海報及刊物廣告爲起點、再透過一場特別展示會的舉辦和爲活動本身所策畫的一連串的影片、多媒體設計、圖案與文字的應用等而達到高潮全盛的活動。

此計畫和管理手法的成功之處爲在6天的展示時間內將品牌帶進日常生活中。而它所創造出來的是，一種覺得有必要在當代的環境中表明易利信對於現代生活方式的理解力與欣賞的發展方向。

於96年CeBIT中搭配輔助的文字設計。

96年CeBIT中的平面設計：留意下方往上照明的燈光裝置。

爲96年CeBIT所製作的名爲「生活」的小册子。

宣傳資料袋

外面的場地在96年
CeBIT展期間被用來，為
作為海報的陳列處，為
「生活」的主題大肆宣傳。

利用創新的設計

手法，將品牌帶入現

實生活。

「生活」同時也意謂著在攤位以外的地方接收訊息。想像力公司請託他人製作了
一系列可在CeBIT展之前與期間張貼於漢諾威250個以上的**室外地點**的海報，如此
不但能促使參觀者進入攤位，而且也表達出一種對於易利信產品的**每日確實性**。
其它和繪圖相關的輔助物，可從當地的報紙或雜誌廣告、以及在展示會上所分發
的易利信「生活」小冊子中窺得一般。

特別製造的音樂CD卡帶與光碟則是用來在攤位上分送給大眾的，另外還有明信片
和手提帶等等。而這些明信片同時也被安排沿著漢諾威主要鐵路站周圍，即一
座2.5公尺高(8英尺)的新易利信GH388型手機的冰雕陳列(CeBIT將於冬天之時舉
辦！)的地方分發出去。

96年CeBIT中的
文件資料架。

在96年CeBIT展中，表演的藝術家將一個靜態的建造物轉變成一幅戲劇化的移動式廣告。

從易利信的攤位可看出，單單只有攤位的設計是不足以去傳達一種複雜的訊息，而是需要藉助一項應用範圍很廣的策略才能辦到。正因如此，對全部的這些元素進行整合便是決定成功與否的關鍵所在。而展覽會上所作的民意調查則顯示了超過百分之50的參觀者皆知道有此攤位的存在，同時有差不多比例的人也曾來此參觀過。

特技表演者移向後方——這次在96年的CeBIT中隨著爵士樂一同登臺演出。

在97年CeBIT中以
「聲音」的主題來
呈現出易利信的特色。

CeBIT攤位的產生正好是當易利信
為了設法去適應一個傾向以顧客為
中心的市場而重新檢視它全球性的
品牌及宣傳策略的時候。在此過程
中攤位提供了一項催化劑的功用，
讓整個公司上下激起一陣充滿自信
的漣漪。於是一項雙重的目標也因
而得到了實現：即在專業市場(以
大型活動作為代表)與全球性的公
司兩者的內部提昇品牌的知名度和
增加對其的認識。而想像力公司富
創意的設計，不但使自己獲得為以
「聲音」當作主題的97年CeBIT展
建造行動通訊攤位的機會，更被委
託在相同的活動中替首要的企業攤
位進行設計。此外，想像力公司也
由於它們所具備的整體性展示策略
而一直擔任著向公司提出建議、首
屈一指的顧問角色。

客戶：英國倫敦維京互動式娛樂公司

設計者：英國倫敦魯特聯合公司

產品/服務：電腦遊戲

展覽會名稱：倫敦奧林匹亞電腦商展(ETCS)

時間：1996年9月

電腦商展對歐洲的電腦娛樂業,例如像電腦遊戲、音樂及互動媒體來說,是最重要的專業大型活動。它為生產者、買家、供應者與新聞界創造了一個能接觸並察看新潮流趨勢和產品的機會。大多數公司所舉辦的展示會皆會事先安排好一連串與客戶及顧客的會面,並且向潛在的新客戶群介紹新式的商品。目前是VIACOM集團之一員的維京互動式娛樂公司,專門從事電腦遊戲的開發設計,其中還包括了十分受歡迎的指揮(Command)與征服(Conquer)系列。

客戶：維京互動式娛樂公司	
展覽會名稱：電腦喬展	
攤位大小：300平方公尺 (985平方英尺) 堆積成兩層的包圍式攤位	
總製作時間：3個月	

維京互動式娛樂公司

對魯特聯合公司來說，此設計的功能性層面為提供一個陳列示區域及一間間私人的會客室。攤位地點的面積有300平方公尺 (985平方英尺)，而其建造可達兩層之高。至於設計的視覺方面，則是由VIE (維京互動式娛樂公司) 的製造銷售部門利用一種歌德式的主題來研擬出「維京同志會」這項構想，以作為主要的表現手法。最後，魯特聯合公司便將一座擁有張口驚視的怪物狀承霤口、尖形拱和身著覆頭巾式修道士袍的侍從的仿專制中古世紀城堡的面貌呈現於前。

「維京同志會
的名言即是一加入
我們。」

從上方鳥瞰攤位
之景象。

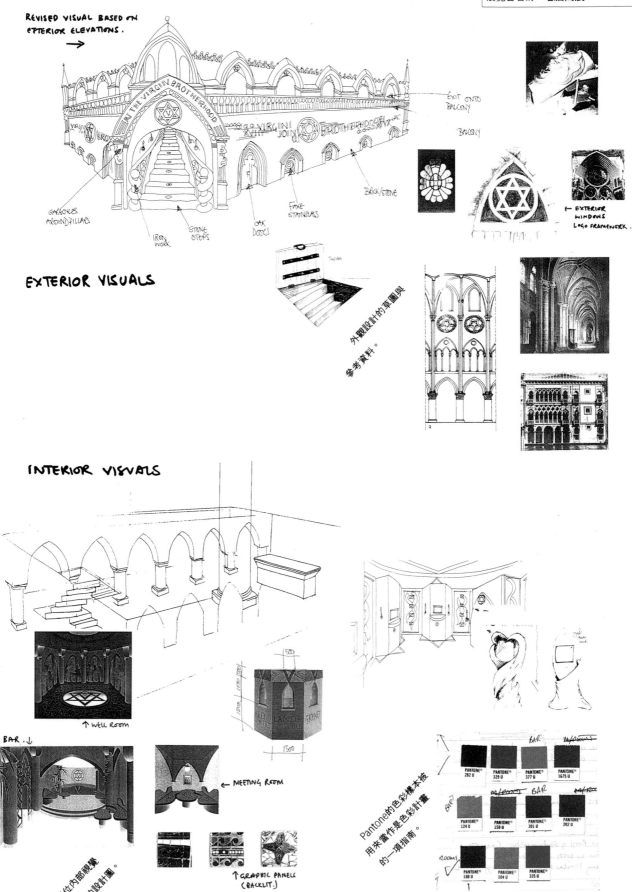

REVISED VISUAL BASED ON EXTERIOR ELEVATIONS.

GARGOYLES AROUND PILLARS

IRON WORK

STONE STEPS

OAK DOORS

FAKE STAINGLAS

BRICK/STONE

EXIT ONTO BALCONY

BALCONY

EXTERIOR WINDOWS LOGO FRAMEWORK.

EXTERIOR VISUALS

外觀設計的草圖與
參考資料。

INTERIOR VISUALS

↑ WELL ROOM

BAR. ↓

← MEETING ROOM

↑ GRAPHIC PANELS (BACKLIT.)

攤位內部視覺
上的設計圖。

Pantone的色彩樣本被
用來當作是色彩計畫
的一項指南。

		BAR	
PANTONE 282 U	PANTONE 329 U	PANTONE 377 U	PANTONE 1675 U
PANTONE 124 U	PANTONE 159 U	PANTONE 301 U	PANTONE 202 U
PANTONE 180 U	PANTONE 104 U	PANTONE 335 U	

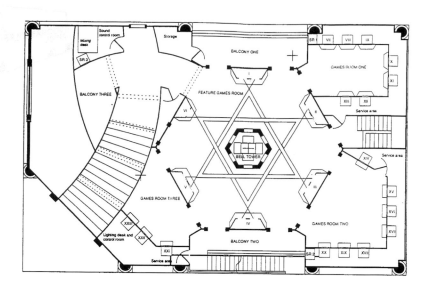

就空間上的規劃而言，魯特聯合公司與負責建造的畢可有限公司（Pico Ltd.）攜手合作，決定一個密閉式的攤位會是最佳的選擇，當中只有單個前往上層樓展示區域並下行至底層會客室的主要入口。正因如此，這項設計可說是掌控住了參觀者通過攤位的重要路線。

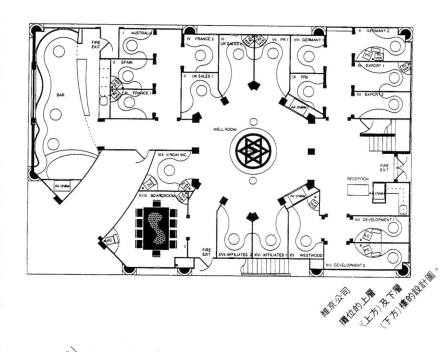

至於攤位的外觀，設計者的首要任務便是去創造出一項「同志會的宣言」。同時此份文件更是透過宣布「表現方法的目標」而限定了設計的界線，並且提供一連串被融入最後設計中、印染至亞麻布旗幟、然後再懸掛於主要展示區域的主題。這項工作另外也利用一種圖案符號與連續對於商標印製的建議，不斷地向前進行。

維京公司攤位的上層（上方）及下層（下方）樓的設計圖。

「維京同志會宣言」的旗幟。

符號的視覺性設計是透過研究有關星形徽章的歷史資料、再合併進Virgin的大寫字母 "V" 商標的一個版本、並且找尋適當的字體以賦與它一種石刻的面貌而逐步發展出來的。最後的符號便會在一塊石頭或金屬上被施以浮雕的技術，好作爲專屬之物。

BRANDING.

THE VIRGIN BROTHERHOOD

← INCORPORATE VIRGIN 'V'?

ABCDE-
FGHIJK
LMNOP

ABCDEFGHIJ

abcdefghij

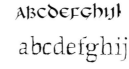

氣氛的營造一下至受到到操控的空氣調節器—在攤位整體效果上是一個關鍵性的前提。

「維京同志會」商標的設計。

COSTUME

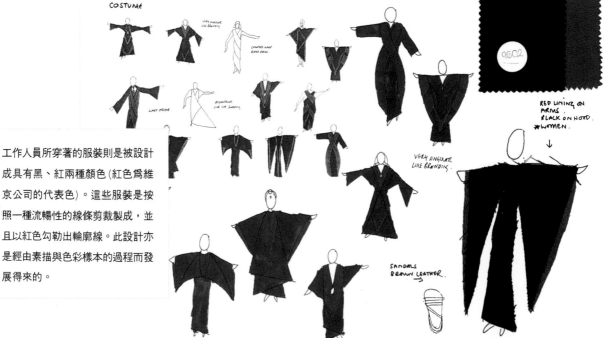

工作人員所穿著的服裝則是被設計成具有黑、紅兩種顏色 (紅色爲維京公司的代表色)。這些服裝是按照一種流暢性的線條剪裁製成，並且以紅色勾勒出輪廓線。此設計亦是經由素描與色彩樣本的過程而發展得來的。

主要的入口

攤位在一隅處有一個開放的入口區，這裡首先映入眼簾的就是一段通往一樓展示區的暗灰色樓梯。而在此則設置了3個陳列各式各樣流行商品的遊戲區，再加上一個位於樓梯前端附近、立即展出最新產品「紅色警報」（在第一週推出時銷售便逼近超過50萬片的關卡）的特別遊戲區段。在每一處遊戲區中還備有安裝固定於牆上的支架，可讓參觀者在這等候，以輪流試用產品。同時介於遊戲區之間的地方亦能見到大型螢幕投射器不斷地播放由設計者委託他人製作、以新的主題呈現的影片的情況。雖然如此，第一層樓的主要特色其實是鐘塔。

從樓梯口到攤位對面的一端正好是下行至會議區的樓梯通道。就極富一致性厚重色彩的特點來看——較之於運用在外觀的灰、白色調——上層樓色彩的對比性較不及下層區域來得強烈。

第一層樓的區域

主要入口處的細部裝飾

細節部分的講究
——服裝、宣傳袋上的鉸鏈
、活生生的蛇——能令攤位更具
說服力且 讓人印象深
刻。

地面一樓是一個如同陰暗地穴的空間，以大量的紅色及金色作爲點綴。在中央的地方則出現一座井狀物，其頂部還覆有應用於商標符號的星形圖案的蓋子。在此井中的水不斷地冒出泡泡並變成紅色，同時也可聽見陣陣傳來的報時鐘聲。爲了要加強哥德式的主題，冷氣機便被安裝在這底層的區域，以達到並維持比展示區略低幾度的溫度。

下層空間
中的主要
區域

底層
區的井狀物

在井狀物的周圍擁有18個會客區、一間董事會會議室(桌面完全以玻璃製成並加進流動性、栩栩如生的蛇圖案)和一處酒吧區。會客區的背景牆面裝設有從後方供給照明的雕刻式方格。而整個空間的技術方面及燈光照明的管理則是由上層樓中的一間控制室來進行。

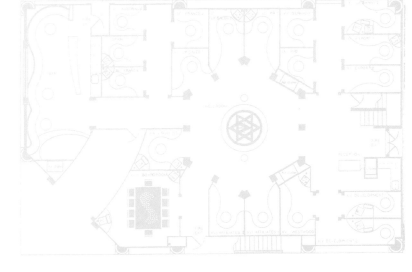

攤位外觀的設計卻是刻意地著上單色調，以增加與色彩沉重的內部環境的對比性。至於歌德式建築的正面設計元素，是從有關中世紀資料作品的圖片和素描裡發展成形的，不過核心的視覺特色仍是在於那些成對地盤據在入口側面的怪物形承霤口。塗以灰泥的牆面看起來就好像是石磚一樣，而從宣言中所擷取的聲明也被印製到顏色較深的仿石造鑲板上。一些細部設備，如空氣調節器的排放口（一項在14世紀的修道院中罕見的特色）則被加裝上較暗色磚頭所形成的框。

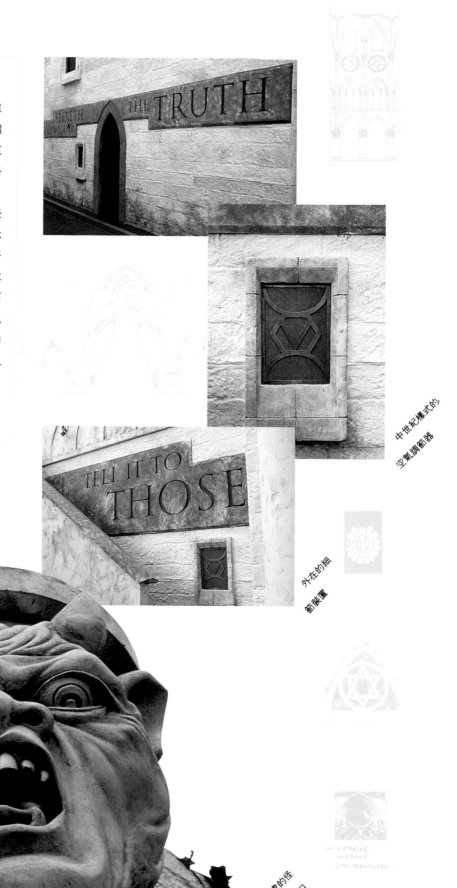

中世紀樣式的空氣調節器

外在的細節裝置

角落處的怪物形承霤口

一旦創意構想方面的工作大功告成並已經過了一連串與客戶的會面商討之後，整個設計就必須按照比例去草擬製圖，好進行建造的工程。

伴隨而來的照明、電路及系統上的設備也都得計畫周全。在裝配組合與拆解、委託鑄造承雷口、服裝的扮相和旗幟印製的攤位要求上，設計者更與擔任建造者的團隊，即畢可有限公司，並以其為首共同地攜手合作。設計者同時還要負責設計且策畫員工的襯衫和公司名片，加上新的標誌符號，以及放進亞麻袋中，感覺像是手工精心包裝的印刷物。

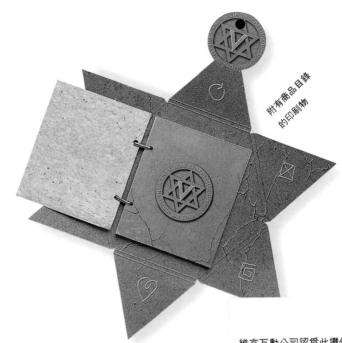

附有商品目錄的印刷物

商展設計關乎的並非只是單獨一個攤位的事而已。

維京互動公司認為此攤位是一個極大的成功。它在視覺上不但有別於周圍其他的攤位，而在功能上，儘管它十分地錯縱複雜，亦讓無數次與客戶及參觀者的會面可透過此展覽會而順利圓滿地達成。另外，魯特聯合公司提出了一項完整、富獨創性的視覺表現手法，同時將它發展至一個精緻入微的細節層面。此公司的創建人馬提・魯特（Martin Root）亦指出：「商展設計並非是只有單一攤位這麼簡單。它需要多方面的技巧並注重團隊工作。最重要的是，想要成功就必須對客戶的需求和構想具有清晰的理解力，而且與他們維持良好的合作關係。」魯特聯合公司在攤位設計工作上所獲得的名聲，正是他們與客戶之間成功關係的建立和其計畫的反映。

Beyond the Stand

Beyond the Stand Beyond the Stand

展示攤位之外的設計

將展覽攤位視作是為客戶、顧客或是大眾而舉辦的產品及服務展示的概念，在拉斯維加斯、法蘭克福、東京或米蘭並非一定得受限於每年只舉行一週的模式。以下的3項設計即表現出攤位能夠被轉變成一種永久性或是可移動式地基的構想，並且看看這當中所可能產生的一些問題與機會為何。

就首屈一指的玻璃製造廠商皮金頓來說，其問題部分是出自於他們本身產品的大小及複雜性。他們決定在自己的工廠中建造一處永久性的地點，如此便能按照他們的時間向精選出來的客戶當面介紹有關他們特製產品的種類與性質。就好像在商展中所具的一項約定見面的系統會為某個會議創造出一段固定且有限的時間一樣，一個永久性的地基也必定會帶來某種特別的氣氛及會議時間品質的優劣與否。

對紅魚通訊公司(RedFish Communication)而言，其攤位設計的類型為公開的展覽活動。他們的計畫是去宣傳關於喬治‧路克斯(George Lucas)的星際大戰三部曲的影集推出，同時為於1997年將再度搬上大銀幕的此片造勢。正因這樣，他們決定建造一個拖車型活動裝置，以利用外在的地點作全國性的巡迴展出，並且宣揚有關「精神力量」(Force)這個字。

考德諾公司早已經擁有一套為他們所供應的餐廳而準備的訓練設施和提供給公司、醫院及學校的服務。他們想要將此改良成一處永久性的銷售中心，也就是既可以當作一個陳列他們所供給的商品的展覽區，亦能設置一間間按比例縮小的餐館區段，好讓客戶可在現實生活中分享考德諾公司的經驗。

這些設計展現出設計如何移轉技巧的運用方式，將在某一情況中所發揮的才能帶到另一個情境之中。它們便是透過以開放、無成見限制的態度去了解客戶的構想、同時又能找出解決之道與詮釋方法而最後達成了目標。

皮金頓

來自設計傳達公司的喬夫·歐崔治(Geoff Aldridge)應皮金頓之邀，於1994年接下了使一個現存的當地展示區變得現代化並改頭換面的挑戰。當中，現有的對於空間的配置包括了以一個樓梯相接的底層接待與休息室，和一條通往一間中心處擁有關閉式音樂廳的大型房間。此攤位的組織原本就是設計成由**介紹者導覽**的方式，好讓每件陳列物都能獲得詳細的解說——此項方法在展示區進行改裝重組的過程中被保留了下來。這相對地也意謂著展示的空間被劃分成3個主要的區域：即休息區(在開始進入攤位一遊之前參觀者可於此先等候)、走廊的空間及位在上層樓的音樂廳周圍的空間。而它們皆需要個別不同的處理的手法。

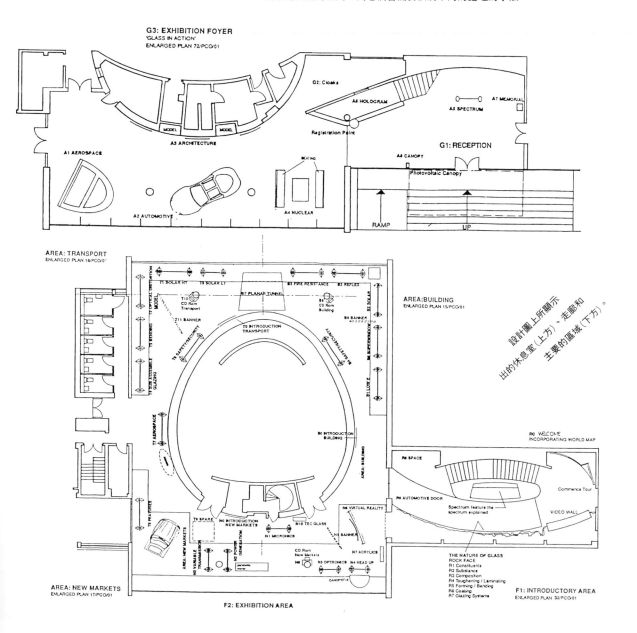

設計圖上所顯示
出的休息室(上方)、走廊和
主要的區域(下方)。

PILKINGTON
皮金頓

客戶：英國Lathom的皮金頓公司

設計者：英國倫敦的設計傳達公司(Communication by Design)

產品/服務：玻璃製造業

展覽會名稱：英國Lathom皮金頓工藝中心展

時間：1995年

皮金頓在全球玻璃技術的領域上具有領導性的地位，並且於產品的創新方面更是成果斐然。爲了藉由展示他們各種不同的產品而爭取得主要的合作伙伴及客戶，他們決定一座位於他們蘭開夏工廠中的永久性陳列室會是最好的解決之策。的確，一個永久性的展覽比暫時性的展示地點還要有利得多。不過同時，此地區則必須被當作是一項長期的大型活動來看待，並且對客戶整體的生意來說具有隨著新趨勢發展而進步和改變的能力才行。

技術是客
戶生意所訴求的
重點。

展覽用的地點設置於一般性工廠建
築物之間：它也是此地點上主要的
參觀者接待處。考量後所作的第一
項決定是它應該從外觀上來進行視
覺強化的任務，以提供一個眾人矚
目的焦點。

此處的接待區事實上扮演著接合兩
座較大型結構的連結建造物的角色
。當一項主要的結構上的修改是不
可能發生時，展覽用的建築物本身
及其接待區便能被賦與全新的正面
而變得具有一致性，並且使自己從
周圍的結構物中區分、突顯出來。

技術中心重新設
計前後的外觀對照圖。

另外，部分的停車場也鋪上了草皮
，再加上被豎立起來的旗桿，為的
是去營造出一個更正式與歡迎參觀
的環境氣氛。架設於接待區入口上
方的，則是一座會隨著陽光照射的
強度自動變亮或變暗的光動電式玻
璃罩篷。

玻璃可作
為一種傳播媒介或
是一項結構上的
元素。

置身於入口、休息與展示的空間之內，特別引人注目的是牆面和無論何處都被介
紹敘述成是一種傳播或建築媒介的玻璃。例如，一面蝕刻上世界地圖的大玻璃平
板便是懸掛於服務臺的上方，暗示著皮金斯的製造與銷售點是遍布世界各地的，
而通往走廊的樓梯踏板亦是利用不加裝飾的強化玻璃製成。

在夜間從外面看進去的休息室景觀。

喬夫‧歐崔治——來自設計代理商與客戶所組成的一個研究團隊之一員——決定
休息區最好是設計成能分別陳列皮金頓產品的各種應用方式的三個靜態實體展示
項目，以及一種可透過電腦螢幕來呈現其它應用範圍的商品的互動式展示方法。
由於此區擁有一面玻璃外牆和一道呈曲線狀的內壁，所以顯然地後者爲放置電腦
螢幕的理想地點，而其鄰近的空間也可安排來展出模型與圖表。另外，被分成三
種具個別特色的主要產品有核子工業所使用的防護玻璃、一部實體大小的賽車上
的汽車用玻璃和以一個戰鬥機駕駛艙的模樣呈現並應用於大氣層與太空科技的玻
璃。

三種靜態實
體式的展示項目
表現出產品的應用
範圍。

走廊的空間透過一道石牆以嵌入或是直接固定於其上的方式而擺放了一些像是古代埃及的玻璃、形成玻璃的化學合成物、以及一連串播放著解說影片的電視螢幕，將玻璃工業的歷史與基本概念完整地呈現出來。這個區域的環境是刻意地弄暗，如此照明的效果才能用來彰顯出每一部分的特色。在走廊的末端處，通過了裝有玻璃的自動門後便是主要展覽空間的所在地。而對於那些使用了U-Mu玻璃的門來說——它具有一種保持晦暗無光澤外觀、但只要一充電即會變成透明的獨特性質。因此這時導覽員便會扳動開關，向參觀者說明有關眼前所安置的東西為何，就好像身處於特效劇場中一樣地奇妙。

石牆表面之一覽——走廊則是通往主要的展示區。

如果說休息室的展示活動是自我傳播型，而走廊區爲一個固定、突顯及歷史性的陳列館的話，那麼作爲對比的主要展覽區域就需要一種可供發揮的彈性了。

所以，設計傳達公司便爲每一項展示的產品創造出一套與鉻鋼及玻璃桌有關的系統，如此全部的項目就可任意地增加或改變而不會破壞整體展覽在視覺上的流暢感。

這些陳列物表現出安全玻璃的堅固（藉由一個手提重物站在一面玻璃薄板之上的模特兒作示範）、隔熱性絕佳的巨型窗上玻璃（使用具有三層絕緣材料的玻璃）和裝置於平坦的地下道而觀看者的映像是肉眼看不見的加深鏡面玻璃的特色，此外還有關於能幫助矯正視力的曲線型玻璃的展覽，譬如那些應用在汽車工業的設備即是。

展覽區域的概略景象

像這種永久式的活動是介於傳統展覽攤位的設計與十分成熟的室內建築物之間的類型。在構思它的期間，喬夫·歐崔治和他的同事即設法使永久性的積極面獲得平衡——像是光動電式罩篷的裝置性元素——並且藉由於主要區域中創造出一種有彈性性的展示系統而容許此地基能隨著時間不斷地進步發展。

這座中心開始於1995年底，向來歡迎大量的參觀者到此一遊，不管是國外客戶的代表團、下院的議員，抑或是專業的研究者，皆曾來此共襄盛舉過。它還曾被列入1996年設計特效的精選名單中，而喬夫·歐崔治目前也充任由皮金頓所組成的委員會之一員，以監督並指導技術中心未來的發展走向。

客戶：英國倫敦福斯電視公司

設計者：英國倫敦的紅魚通訊有限公司

攝影師：紅魚通訊有限公司所委托的史提夫戴 (Steve Day)

產品/服務：星際大戰影集宣傳車

展覽會名稱：英國巡迴展

時間：1995年

星際大戰又回來了！路克斯電影公司決定於1995年再度推出有關前三部星際大戰電影的錄影帶，同時也證實另一部新的續集已經開始著手拍攝。到了1997年時，前三部片子經過重新改編並延長時間後的版本亦陸續地發表上市。而在1995年受到英國的配銷商，即福斯電視公司的委託為這些影帶的推出籌辦一項全國性的促銷造勢活動的就是紅魚通訊公司。只需要兩個星期的準備，達斯‧凡德 (Darth Vader) 便能再一次地使出他看家本領，化腐朽為神奇！

客戶：福斯電視公司

展覽會名稱：英國巡迴展

攤位大小：在13.5公尺（44英尺）長的拖車上的獨立式裝置

總製作時間：10天以下

福斯電視公司

正當演員及道具皆容易尋得、而一份利用擷取電影中對話的劇情腳本也快速地編寫完成之際，替展覽活動在全國各地租借會場或是空間的任務就是無法於**限定的時間內**達到。正因如此，紅魚公司的凱文·史都克（Kevin Stokes）便轉而與擅長製造展示及促銷車的專家，即圖敦·巴帝斯（Torton Bodies）會晤商談。他打算以運送貨物的方式，讓圖敦把一架照原尺寸大小的X翼戰鬥機的實體模型放置到一部長13.5公尺、側面可開式的拖車之中。同時，一個樓梯的傾斜面則被建造來讓凡德和他帝國禁衛軍團（Imperial Guards）的護衛能輕易地進出此「舞臺布置」，而大型螢幕的電視監視器也被架設固定於車子的一側，以投射來自電影的影像並為影帶的推出作宣傳。

慶祝星際大戰
三部曲的再度
上映。

1995年拖車
的外觀裝飾。

凡德大王
登場演出

建造中的車輛

整個設計與建造的過程花費不到10天的時間。就如同來自圖敦‧巴帝斯公司的柯立夫‧安卓思(Clive An-drews)所解釋的：「根本沒有時間準備和提出設計製圖。我們的設計者作成了一份粗略的素描，好讓我們的技術團隊能運用它來檢查結構物的有效性。當中主要的任務在於將X翼式戰鬥機安頓至拖車上的某個適當位置，並且固定住電視螢幕及架設樓梯與照明設備。然後客戶便親自前來探視，而我們接著就按照大體的作法建造出完整的成品。」

概要式的設計圖呈現出在拖車上完全開展的戰鬥機圖形。

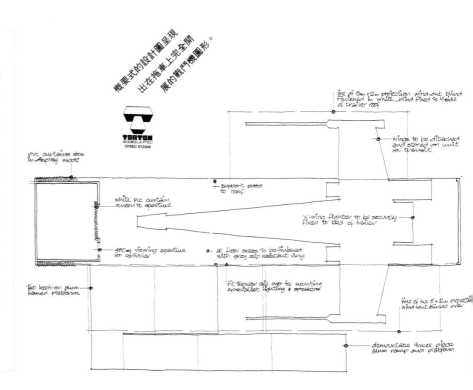

這輛宣傳車在1995年進行了為時2個月的英國巡迴展，於節日的時候及預定好的超市停車位上停留展出四場20分鐘的「戲劇表演」。由於裝配和拆除舞臺布置只須花上數個小時，所以一天之內車子便能夠行駛過好幾個地點。

「帝國的入侵即將來到你所在的銀河系。」為1995年的標題。

凡德和帝國禁衛軍團——注意上方劇場式有色照明燈光的運用。

達斯與人群會面握手。

比賽的贏家可獲得坐上X翼戰鬥機的機會。

對於1997年所推出的星際大戰新版本來說，紅魚公司準備將此車輛加以改良並多增加2個月的巡迴之旅。與星際大戰相關的全新電視遊戲機座則被安裝在車子的最後面，而前往X翼戰鬥機架駛員座位的通道也獲得了改善，車輛外面的裝飾還被重新油漆過一次。

這項更進一步的巡迴展的成功之處，透過了一個爲車輛特別設計的電視外貌及曾 共同贊助過此巡迴展並受到福斯電影公斯委託以較具體的用語來創造出極爲正面的結果的Toys "R" Us公司，而更被烘托出來。

新的外在裝飾

就作爲一個憑單一創意構想來快速完成設計的專業技術團隊的例子來看，星際大戰的宣傳車實在是相當精彩。

對汽車展而言，無論是像此處的可開式、有如前舞臺一樣，還是在密閉卻又具發展性的車展中以會議室的方式進行，皆提供了一項於不同的地點場合能迅速地引起眾多參觀者對於產品或服務的注意力的解決之道。因此，它們也可以被視爲是一個建立於車輪上的商展攤位。

GARDNER MERCHANT

考德諾・莫臣特

客戶：英國倫敦的考德諾・莫臣特公司

設計者：英國Abingdon市場設計公司(Marketplace Design)

產品/服務：英國最大的食物餐點承辦商

展覽會名稱：永久性美食街與藝廊

時間：持續進行中

考德諾・莫臣特所作的是食品的生意。在其它的商業活動中，考德諾・莫臣特的主要角色即是供應備辦食物的設施給其它公司的工廠和廚房，以及教育與健康看護部門。從前工廠餐廳中的那些以抗熱薄塑膠板製成的灰色桌子、細長的照明燈光、食物的送菜口和在飯廳外排隊等開飯的人潮已不復出現：公司行號現今希望的是一種更加多元化的選擇空間，不只是在食物的準備上，還有針對他們的用餐者所感到的氣氛及周遭環境方面。儘管如此，要如何找出比透過一種自然發展的展覽會或是安排一連串參觀現有場地的活動更合適、可向潛在的客戶展示出考德諾・莫臣特所能提供的服務範圍種類的方法呢？

客戶：	考德諾・莫臣特公司
展覽會名稱：	永久性美食街與藝廊
攤位大小：	361平方公尺（1185平方英尺）的永久式展覽區
總製作時間：	9個月

考德諾・莫臣特

在一處
永久性的背景下實行
「商品牌子的提供」
的策略。

考德諾・莫臣特具有各式各樣的「商品牌子的提供」——從一處咖啡酒吧、托斯卡那餐館（Caffe Toscana）、到東方快車（Oriental Express）、嘉思塔披薩（Pizza Gusta）及探索者（Explorers）——供應了來自世界各地的食物。

整批商品的行銷策略非但包括了場地的室內裝飾，還有全部的廚房設備、訓練及管理、食物外送服務和產品包裝，乃至於員工的制服。此公司在Kenley已經擁有一套的訓練設施，並且決定要去改進其品質。所以他們便委託位於Abingdon的市場設計公司與他們聯手，共同進行這項計畫。

完成後的藝廊概況

實境模擬的繪圖顯示出藝廊中的不同活動區域。

此外，這項計畫的產生也是為了要因應兩個展示區──藝廊及美食街──的設計之故。其中，藝廊是一處依指示移動參觀的展覽區，利用圖表和互動式的螢幕來呈現客戶所出售提供的服務範圍。而在用餐場地方面，參觀者會見到一連串功能齊全並按照與考德諾・莫臣特合作的一些餐廳（及用餐設施，譬如流浪者戴利"Strollers Deli"）的實物比例縮小所建造成的範例，以及一間新式、作為練習用的廚房。

藝廊中的示範區
所設計的獨特家具。

在依照坎里屋(Kenley)所繪製的有系統的室內圖而構築成的藝廊中，設計者創造了一系列的家具設備，例如服務臺和座位，還有展覽的構成單位(此構成單位包括了圖片的的鑲板及塔狀的監視器組合，以用來輔助影片的播放)。展覽區被設計成像是一種**按圖索驥**的形式，可讓人獨自參觀或是藉助一位導覽員。而它也正好鄰近用餐的美食街。

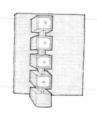

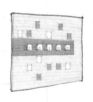

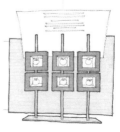

藝廊中永
久性展示結
構物的細部探究。

美食街則擁有一系列的小間餐館及一家零售店，當中所陳列的是許多可從考德諾・莫臣特購得的有品牌的食物。這些被當作是整批的貨品而送交至客戶的手中，包括了有整體的設計和裝置、菜單、食物的遞送與訓練。此用餐場地是由幾個縮小的餐館單位所組成的，可見到整齊劃一的制服、座位和飯菜的準備、以及一種典型供應食物的方式。

你所看見
的就是你會得
到的。

美食街
代表著可獲得
來自不同商
品嘗目不同商
店牌子的食物的機會。

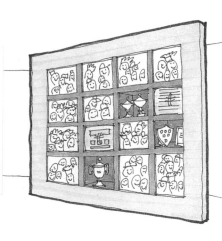

在大多數的工作天期間，美食街都被用來作爲一處對經理、廚師與支援的員工進行訓練課程的中心。如此，當客戶前來察看展覽區時，他們便能受到招待而享用一頓那些在餐館中最令他們感興趣的佳餚。最後的結果是，考德諾‧莫臣特不但具備了一套完整的最新訓練設施，同時更擁有一組可以實體的方式來向潛在的客戶展現出「你所看見的就是你會獲得」理念的行銷裝置。

在藝廊區設計
與完工後的成果。

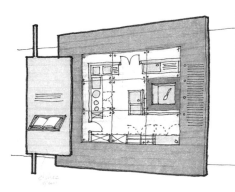

其中，藝廊區是屬於格外創新的部分，運用了獨特的家具設計去營造出一種能引起客戶共鳴的情境，並且適當地與它所位於的一處正式會場中的傳統裝飾融合在一起。就作爲一項設計的表現手法來看，它對於需要一個步驟以上的計畫的實行過程具有極大的助益。

Conclusion

Conclusion Conclusion

結論

什麼是作爲一位展覽會設計者所應該設法去發展的主要特性？
首先，即是技術上的純熟度：也就是具備繪圖及摹想、甚而還得
在腦中形成立體空間的概念的能力，並且透過素描與草圖的方式
將這些傳達給同儕夥伴和客戶。就好像你先前所看的，在此書中
許多最成功的設計都是於非常短的有限時間內創造出來。所以能
夠迅速地相互溝通並用製圖法表達構想是極爲重要的。

其次則爲想像力：即一種構思出點子與概念的心理上的靈敏度。
就算這些於第一次的時候並非是正確的答案，但光是創造構想的
過程便足以讓概念的發展又往前邁進了一大步。不妨觀察一下在
這些個案當中草圖及素描被運用來逐步推展出概念的方法，同時
思索有關這類被應用於構築像是「來自天堂的產品」或是「木
製」的活動雕塑設計所激發的想像力的跳躍增進。

第三便是溝通：這意謂著一項閱讀一篇企畫、提出對它的評論，
並且從中領會了解客戶的需要及抱負期望，然後再與進行有效率
的溝通，以達成共識的能力。一點也不意外的是，此處的一些企
圖心最旺盛的的設計——譬如由想像力、考夫曼·賽立格合夥公
司或是魯特聯合公司所製作的——皆出自於擁有多元化的豐富技
巧、而且並不只是將重點集中在大型活動上的設計代理商。這項
技術性的背景亦促使他們能夠去宣傳一種更大的商品外在包裝—
—例如電視和製圖輔助——並且還會帶來一種在設計可能性上有
助於客戶的較寬廣的視野。

最後、也是最重要的一項特性就是有組織的技巧。一些我們於此書中見到的設計都是必須在十分緊迫的時間期限之內完成的類型，同樣地，就任何的大型活動來看，商展的開始作業時間也因為加諸於組織者身上、去籌辦更多的活動的壓力愈來愈龐大而被迫削減。所以，基礎穩固的技術性知識、視覺和傳達技巧便需要藉由這項針對某個急迫的時間表進行計畫且完成複雜架構的能力來獲得援助。

在最後的一項個案中，我們將看看一個格言為面對面精確地傳達出客戶的信息的設計團隊，如何處理從業務會議到一場公開式戶外活動的各種不同的展示型態，以加強一項奠基於一系列非常成功的電視廣告的市場銷售訊息的方法。當中，現實生活(In Real Life) 公司所運用的非正統表現手法，不但締造了市場上的極大成功，同時更透過公司讓一種對產品興起的熱愛蔓延感染到廣大的一般民眾身上。

這整體的設計方法呈現出了展覽陳列的技巧藉著具原創力、獨特性及完善的製作過程，能夠被應用且不斷地延伸去打動廣泛群眾的心的奧妙之處。

展覽會或商展的核心本質其實是在於參觀者的體驗：參觀者獲得了什麼？它是不是一項與熟客戶的愉快會面經驗、一個可製造新接觸和往來的機會、或一個遇見老朋友的好時機？再不然的話，它是否也提供了讓人得以探究產品或服務上的新領域的機會？展覽會的設計者必須滿足所有的這些要求，並且迎合客戶範圍更廣的興趣與期望：它可謂是一項永無止盡的挑戰。這就好像某位設計師曾對我說過的，「展覽會設計如同是生活於一台雲霄飛車一樣——永遠是往上衝、向下落、然後又環繞駛行。真令人頭昏眼花！不過我無論如何都不會去避開它。」

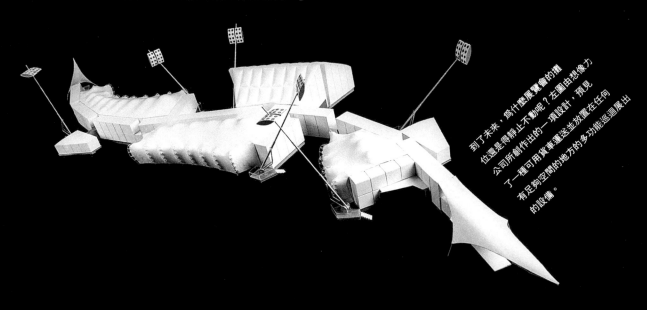

到了未來，為什麼展覽會的攤位還是得靜止不動呢？左圖由想像力公司所創作出的一項設計，預見了一種可用貨車運送並放置在任何有足夠空間的地方的多功能巡迴展出的設備。

探戈飲料

客戶：英國倫敦布里特維克清涼飲料有限公司

設計者：英國倫敦眞實生活公司

產品/服務：探戈清涼飲料

展覽會名稱：蘋果探戈舌戶外促銷及相關設計

時間：1996-1997年

布里特維克飲料公司製造了許多不
同種類的清涼飲料，主要是銷售至
英國的市場。

他們首要的品牌，也就是柳橙探
戈，透過了一連串新奇的電視廣告
和嶄新的包裝，已經成功地在市場
中轉變形象地位。因此目前的當務
之急，便是設法將其它三種口味的
探戈飲料提升至像柳橙探戈所達到
的相同程度的成果。

探戈飲料

由眞實生活公司之母，即代理商HHCL&Partners所想出的廣告策略，造就了一系列運用「你知道何時會隨著探戈起舞！」（'You know when you've been Tangoed！'）這項主題的具鹵莽狂暴且混亂特色的電視廣告的誕生。

對眞實生活公司的創意小組而言的一項挑戰即是，在公司本身的內部以立體的方式，將它眞實生動地向目前的商業市場與消費大眾展示出來。這藉由一種應用於進行拍賣會的新奇方法、一輛把新產品帶給買主的車子和一項令人驚異不已的公開活動，即探戈舌的設計而獲得了解決及實現。同時，此三項計畫也表現出一種在中央處利用面對面的商展宣傳經驗的新奇設計方法，如何能幫助建立起一個跨越廣大市場的品牌的過程。

「你知道
何時會隨著探戈
起舞！」

電視廣告成功地將探戈飲料塑造成一種令人驚奇與興奮的商品。

探戈舌的內部透過了音樂、燈光及有規律顫動的室內環境而混雜營造出誘惑和興奮的氣氛。

客戶：布里特維克清涼飲料有限公司

產品：探戈清涼飲料展

展覽會名稱：英國伯明罕國際商會年度拍賣會
期間：1天
攤位類型：展示舞臺
攤位大小：5公尺×2.50公尺（16.5英尺×8.2英尺）
素材：舞臺、電視牆、演員
總製作時間：6星期

探戈拍賣會

變換的過程需
要一種戲劇式的解
決法才會有效。

拍賣會是在一座展示與現場演出
都同等重要的舞臺上舉行。

此拍賣會的主題可從舞臺上傘狀的名詞「突破作戰法」（Operation Breakthrough）得知，另外還包括了用來支援探戈的策略，即百事可樂和Robinsons。真實生活公司自布里特維克飲料公司所聽取的最初企劃便是去設計出一場能呈現新概念的年度拍賣會。眾所皆知的是，拍賣會的氣氛對於在接下來的幾個月的展示演出具有決定性的影響：就好像在整個表演團要出場之前所接受的精神講話一樣，若說得不錯即能提振士氣而招致成功的結果，但如果出言不遜、表達得不適當則會帶來失敗。

客戶：布里特維克清涼飲料有限公司

展覽會名稱：探戈清涼飲料展

真實生活公司藉著將拍賣會塑造成「作戰控制台」的形象並讓參與者也能共同討論及表演、而非只是展出產品的方式，採取「突破」的主題作為核心的概念。同時，視聽和照明技術也被應用於其上，以創造出一種彈性且富戲劇化的情境。

此項面對面式的作法意謂著一個在過程中所有的人皆主動積極地參加演出，並且為每一種牌子的商品營造獨特的視覺環境。另外尚有主角的劇情說明書——例如揭穿一個來自某家以笛狀瓶子與紅色罐子聞名的清涼飲料公司的間諜的假面目。

「作戰突破法」在揭露出布里特維克飲料公司的新戰略上獲得了極大的成功。因此下一步便是直接地向購買者傳達出這項概念。

劇場現場演出之片段：一個來自敵對公司的間諜被揪了出來。

客戶：布里特維克清涼飲料有限公司

產品：探戈清涼飲料

展覽會名稱：探戈拖車於英國商店與超市的巡迴展
期間：3個月（1996年4、5、6月）
素材：標準巡迴用拖車、電視螢幕、室內家具設備
總製作時間：4星期

探戈拖車

在製作實際上正是一輛車子、以作為新的四種飲料口味的因應戰略的過程中，眼前即遇到了一項有關時間的難題。探戈的重新改造工程必須非常快速地趕緊完成。至於輔助性的計畫——針對商店及超市的買主和經營者——則限以6週的進行時間來達成目標。

「真實生活」公司最後想出了一項利用車輛環遊英國並向小型團體展示產品的點子。而拖車似乎特別符合此牌子的感覺，不過儘管如此，從汽車的底盤開始組合拼湊起一輛車子仍舊是太浪費時間了。於是，設計者便決定購買一輛標準的巡迴拖車，著以上黑色並裝設兩臺大型的電視螢幕及沙發椅，以作為展示所需的配備。拖車的外表為一身黑色，只有探戈（Tango）的字樣是白色，這麼做為的是保留住室內環境想要帶給人的震憾與驚喜。而運用螢光綠和黃色的靠墊、毛織品材質的座椅及以金屬處理過的牆面所妝點成的內部布置，被形容是來自電腦空間的營帳應是最貼切不過了。

拖車的深色外觀隱藏住了內部在視覺上給人的驚奇感。

一項市場上
的銷售爭論點即在於其它三
種口味的探戈飲料可望成長到和柳橙探
戈一樣 好的銷路情況而明顯地為零售商帶
來了極大的利益──因此在拖車中的展示
便利用了一種機智與幽默感來傳達出
這項爭議。結果當然是銷售量的比例
及訂單一下子就跳升超過了百分

之50

在拖車的內部，一種會發出
格格笑聲、投大眾所好的玩偶
形象內裝飾（最上方），能為
螢幕上進行示範的
人適時且配合
地營造出效果。

展覽會名稱：英國戶外式探戈舌巡迴展（海灘、公園）
期間：4個月
素材：充氣式塑膠
總製作時間：約13週

探戈舌

爲了完成整體的展覽會，眞實生活公司被請來設計一項公開且像拖車一樣可以巡迴展出的的大型活動。同時它必須經過一番特別的策劃，以推銷蘋果探戈的口感享受，並且加強全面性品牌的訊息傳遞。他們的解決之道便是探戈舌，一種介於露天市場的幻想物與人的口部之間的震顫且膨脹的結構，而在裡面參觀者還會被招待去自行享用探戈飲料──及「誘惑」這項概念。和拖車相同的是，探戈舌也沒有印上任何的外在商標。它僅僅只是出現罷了──在一座假日的海灘或是節日的公園──並且邀請好奇的民眾進入探險。一旦內部整個系列的物件、陳列品及互動式的活動結合創造出一個感官的世界──身體、觸覺與聽覺上──便能強化蘋果探戈爲訴諸感覺和引誘性的此項概念。

探戈舌的入口

「到了夏天
結束之時要向50萬人推銷
品嚐蘋果探戈」：此爲
一項計畫。

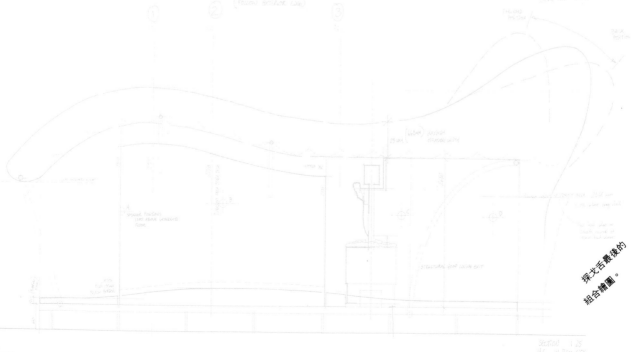

探戈舌最後的
組合繪圖。

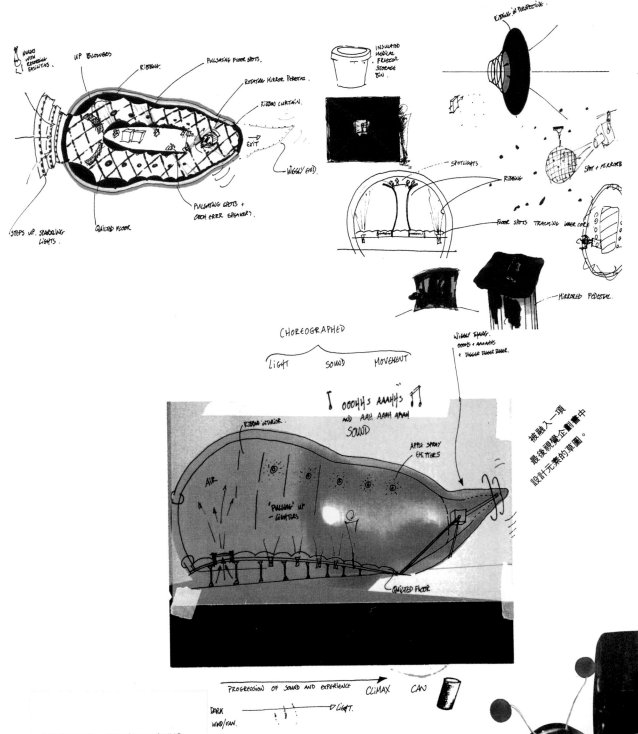

被融入一項最後視覺企劃畫中設計元素的草圖。

在結束的時候，參觀者不但會獲贈一罐免費的蘋果探戈樣品，更會被請求去錄下一句標語，以作為發現英國最性感與誘惑力的聲音的競賽之一部分。而探戈天使（搭配相襯的服裝）則擔任邀請參觀者加入的角色。

「我們面
對面地傳達
出設計。」

今日一項在市場銷售上的主要概念即是分割，其意謂著舊有的廣大市場分類(依年齡、收入、社會階級等等的不同)實在太廣泛了、而作為對象的觀眾或是消費者因此必須更狹義地界定範圍。一項新的限定便是單一的部分：產品本身應該以一種個體、而非當作是一個團體中的成員之一，來向潛在的顧客自我推銷呈現。就好像真實公司所運用於布里特維克飲料公司身上的方法，可被視為是此概念愈漸增加的限定手法的表現。首先是拍賣會，就是對一群被挑選出的團體演出一場獨特的戲劇活動，接著拖車又提供了一項特別的計畫給2到3種主要的購買者，最後便是探戈天使對於那些參與探戈舌活動的人所個別施以的猛然急襲。

真實生活公司正是適合去傳遞像這樣一項直接訊息的不二人選。他們極富創造力的特質即是奠基於人類面對面呈現設計的理念之上。現場的媒體應用為他們的專長。不過同時他們對於本身技能的進一步了解，也讓他們能夠塑造出一套清楚預見客戶的需要及針對計畫的解決方法。探戈舌是一項不比尋常的設計個案，它並非是一種普遍應用型的表現手法，但它倒是打破了大多數所謂的遊戲規則：沒有外在的標誌、正式的結構和具指示作用的市場銷售訊息。儘管如此，它仍是行得通，這都是因為真實生活公司知道怎麼富創意地破除定律，以滿足客戶實際的需求之故。

真實生活公司所實行的各種技巧並不是只為了創造力著想而已。探戈舌的架構還必須安全無虞，符合防火及其他相關的規定。例如：它得易於運送和裝配組合，而伴隨同來的演員與天使團也應該先作好計畫並排演過幾次才行。由於大眾對活動的高水準要求代表著每一項裝置都必須是零缺點，所以這種過份苛求技術及組織能力的情況已是到了熱望、非做不可的程度。此技術上的專門知識亦被帶進一些瑣碎細節中，譬如確定樣品的供應不虞匱乏、灌入探戈舌的內部去增加感官體驗的暖氣能夠散發出合適的香味、而每次所收集的錄音帶及文件(對他們來說是重要的市場銷售情報與資料)則應送回並進行分析研究。

探戈拖車於1996年進入了設計特效獎的總決賽，並且獲得評審高度的讚賞肯定。這項廣受好評的設計更突顯出真實生活公司為其客戶工作所締造的成功。

感謝的話

謹將此書獻給J., L, H與D.

這本書若沒有那些將作品展現於此的設計者的幫助是不可能完成的。他們通常都是十分忙碌，不過卻願意挪出時間來談論他們自己的設計，還有關於他們認爲展覽會攤位設計應如何達成目標的構想。對我而言這段觀摩及學習的過程非常地愉快有趣，在此向所有的設計者致上十二萬分的謝意。

另外還要感謝的是喬夫・歐崔治、柯立夫・安卓斯、珍妮佛・艾德金思、佩至・當斯默、艾祖安・凱第・拉契爾・克萊瑞、戴珍・塞胡立克、羅絲・方爾、羅傑・弗蘭波頓、凱倫・喬治、威廉・考夫曼、珍妮・金、麗茲・摩根、韋恩・紐沃、小川Kunio、Kousaka Toshiyuki、塔德・帕涅爾、麥可維・佩洛特、貝蒂・比柏特、羅伯・昆森柏利、馬汀・魯特、Keiji Shigi、Reiko Takemura、凱文・史塔克、瑪奇・坦普勒門、裘夫・賽契、蘇珊・萊思、丹・凡德・塞敦和威洛與戴杜。

特別也要達謝安奇・裴契爾、來自設計革命的團隊、以及納塔利亞・浦萊斯-肯布里若的全力鼎助。

康威・洛伊德・摩根寫於1997年倫敦

List of Designers

List of Designers List of Designers

設計者目錄

 康康展示公司 英國倫敦NW1 7BQ攝政公園葛魯山士德街達文廣場47號

 設計傳達公司 英國倫敦E2 8DD金斯蘭路38巷郡政府6號

 丹百公司 美國紐澤西州普林斯頓

 德斯展覽公司 美國威斯康辛州53213-2996密耳瓦基1234北第62街

 建築師派崔-弗洛裘·拉維安尼 義大利米蘭11, 20121 via Solferino

 藤谷有限公司 日本東京

 ICON公司 美國印第安那州46851-0240 佛特·韋尼郵政信箱10240號柯林頓公園車道8333號

 想像力公司 英國倫敦WC1E 7BL商店街南新月形廣場

內視野室內與展覽有限公司 英國倫敦NW1 8YW夏普修街1A櫻草公寓NO.1

 眞實生活公司 英國倫敦W1V 4QE波蘭街1-5號

 考夫曼‧賽立格合夥公司 Freie Architekten BDA, Zeppelin Strasse 10, 73760Ostfildem-Kemnat, 德國

 市場設計有限公司 英國倫敦牛津郡OX14 5SZ 艾比敦單一廣場敦士屋

 MIK設計有限公司 Kioicho TBR 4F,5-7 Kojimachi,日本東京102

 完美展示工作室 Hrelic 39, 1000 Zagreb, 克羅埃西亞

 鳳凰展示公司 美國俄亥俄州漢密爾頓普林斯頓-格蘭德利路9345號

 發電廠陳列與科技模型公司 美國加州聖地牙哥Suite100韋波士街9455號

 紅魚通訊公司 英國倫敦W1V 5PB舊康波頓街46號1樓

  魯特聯合公司 英國倫敦E1 6PL 花街17號

 洛斯‧瓦特公司 美國俄亥俄州辛辛那提藤蔓街10(14號

 威洛與戴杜 3 rue de la Cavee, 92140 Clamart, 法國

 東尼‧魯契利 Via A Moro 4, 33077 Sanvito Al Tagllamento, 義大利

全面索引

設計者與客戶索引